姚珣 / 著

外部環境的風險程度對供應鏈運作的影響研究

——基於契約和應急的視角

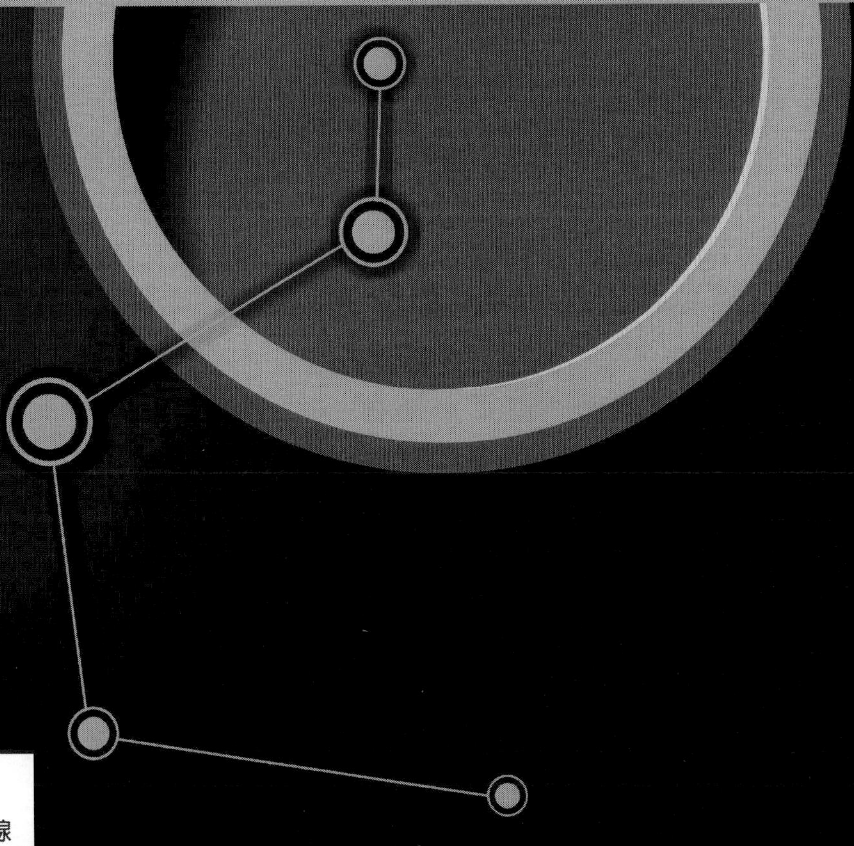

財經錢線

前 言

進入21世紀，國際經濟和社會環境已經發生了巨變，市場全球化趨勢已經非常明顯。同時，個體消費的差異化也日益凸顯，產品的生命週期正呈現出越來越短的趨勢，因此企業或組織面臨的外部競爭比以往任何時候都要激烈。在這樣複雜的局面下，要想取得競爭優勢，僅憑單打獨鬥已遠不能適應時代的要求。取而代之的做法是：把企業作為供應鏈整體中的一部分去參與這場激烈的競爭。然而如何在這個充滿風險的世界裡，對不同的風險有合理的預期和感知以便運用合理的策略開展供應鏈管理，已成為當前迫在眉睫的新課題。

供應鏈管理，簡單地說就是對整個供應鏈進行計劃、協調、操作、控制和優化。它的目標是在滿足客户服務的基礎上使系統成本最小化。減小外部風險的影響使供應鏈運作協調是供應鏈管理的首要任務。契約協調機制作為供應鏈協調的重要手段早已備受關注。然而隨著競爭的加劇，外部不確定性因素的增多，供應鏈應急管理和夥伴關系研究又逐漸成為新的研究熱點。雖然這三方面的研究已經取得了長足的進步，但仍然存在一些尚未解決的問題。目前仍有很多學者和科研機構在積極探索這三方面的新理論和新動向，並取得了一些有價值的研究成果，這些成果將使供應鏈管理的研究更加深入。

本研究基於風險所引發的不確定性事件的可預測性及其影響，將其分為常規不確定性和異常不確定性，並分別以契約協調機制、供應鏈應急管理、供應鏈夥伴關系建設為視角，對兩類不確定性條件下如何降低風險、提高供應鏈績效進行了深入細緻的探討。

本書的主要研究內容如下：①對目前簡單報童模型中缺乏討論批發價議定的問題進行了探討，提出了基於雙向拍賣機制的供應鏈回購契約模型。該模型運用靜態貝葉斯方法，刻畫了供應商和零售商的價格議定過程，給出雙方的線性策略空間，並運用回購契約從供應鏈利潤最大化的角度實現了供應鏈的協調。對模型的理論分析和研究表明，批發價格隨供應商的議價能力增大而同步變化，而雙方的交易效率則隨供應商議價能力的增大而降低。②針對目前的文獻多研究單產品供應鏈問題，研究了供應鏈在多產品銷售情形下，手機市場中出現的間接廣告現象。建立了非對稱信息下多產品的批發價與訂貨量的斯坦伯格博弈模型，給出了供應商和零售商在集中決策和分散決策下的博弈均衡，並利用成本估算法得到新品的最優成本。模型研究表明分散決策下零售商的訂貨量明顯低於集中決策下的訂貨量。同時，通過使用線性價格折扣共享契約（Price-Discount Sharing）可以協調該供應鏈，並能在供應商與零售商之間任意地劃分利潤。③對目前供應鏈應急管理中很少涉及的供應鏈應急機理問題展開研究。運用非線性動力學中研究流體同步的方法，建立了供應商和零售商在多週期銷售中運作協調的動態模型，對供應鏈應急機理作出討論。該模型從定量的角度描述了供應商和零售商從運作協調到發生應急事件的全過程，並給出了供應鏈保持運作協調或發生應急的區間。模型研究表明：在一定的運作範圍內，供應鏈具有自我恢復能力；一旦超出了這個範圍，供應鏈就可能會發生應急事件。並進一步運用鎖相原理，給出了應急事件持續時間的求解方法。④對目前供應鏈應急管理主要針對事後恢復，很少涉及預案管理的問題，構建了基於新消費者行為理論和分級思想的供應鏈應急預案管理。該預案提出了估計供應鏈應急損失的新方法——通過該方法能夠比較容易地算出供應鏈應急損失值。然後把該值與應急預案的閥值進行比較，可確定供應鏈應急預案的啓動時機。模型研究表明：隨著供應鏈應急事件的逐步升級，消費者應急時間的投入量與損失都在增加。這會影響消費者的購買能力，從而使得供應鏈的期望損失變大。當供應鏈的期望損失超過某一閥值時，供應鏈應從當前的預案躍升到下一級預案，以加大監控力度和應對能力，減小供應鏈損失。⑤針對目前供應鏈管理中對不確定性風險的控制主要還是借助於外部手段這一局限，提出從供應鏈的內部結構著手，通過加強供應鏈夥伴關系建設，以減小不確定性對供應鏈的負面影響。從資產專有性的角度出發，利用微分對策論，構建了合作狀態下供應鏈夥伴關系與其利潤分配的動態模型；並運用博弈論方法對「供應鏈夥伴關系」與「契約執行力」間關系進行了討論。研究表明：策略組合（建立良好的夥伴關系，按照約定執行契約）是該博弈的一個占優均衡，這暗示建立良好的夥伴關系對於提高供應鏈績效、抵抗不確定性帶來的風險有重要作用。

本書的研究和編寫過程中，重點主要體現在以下幾個方面：①運用雙向拍賣機制來刻畫供應商與零售商的議價過程，並構建了基於雙向拍賣機制的供應鏈回購契約。②針對手機市場中出現的間接廣告現象，研究了多產品銷售條件下供應鏈新產品成本估算以及協調問題。③應用非線性動力學中研究流體同步的方法，建立了供應商和零售商在多週期銷售中運作協調的動態模型。該模型從定量的角度描述了供應商和零售商從運作協調到發生應急事件的全過程，並給出了應急事件持續時間的求解方法。④利用應急管理中的分級思想和新消費者行為理論，提出了應急事件下估計供應鏈損失的新方法，並在此基礎上構建了具有動態管理特徵的供應鏈應急預案。

目　錄

第一章　概述

1.1　引言

進入21世紀，國際經濟和社會環境發生了巨變，人類社會已步入後工業時代，並加速向知識經濟時代邁進。主要表現為：貿易全球化；生產國際化；信息技術日益普及；跨國公司飛速發展。外部環境的變化，給企業的生存和發展提供了更多的機遇與挑戰：一方面企業將面臨更大的市場，也就意味著更多的商機；另一方面他們將會面對更多的競爭對手。此外，隨著市場全球化的進一步加劇，以及個體消費差異的日益凸顯，產品的生命週期呈現出越來越短的趨勢，因此企業或組織面臨的外部競爭比以往任何時候都要激烈[1,2]。因為他們已經步入一個競爭日趨激烈、外部不確定性不斷增加的大市場。這使得企業不得不重新審視自己的發展計劃和運作策略[3,4]。

在這樣複雜的局面下，企業決策者逐漸意識到，要想取得競爭優勢，僅僅靠過去的單打獨鬥已經遠遠不能適應時代的要求。取而代之的做法是：讓企業作為供應鏈整體中的一部分去參與這場激烈的競爭。因而市場上的競爭主體已由過去企業與企業之間的競爭，演變為供應鏈與供應鏈之間的競爭。如何在充滿不確定性的市場環境下有效地開展供應鏈管理研究，已成為迫在眉睫的新課題。

1.1.1　供應鏈

供應鏈（Supply Chain）概念出現於20世紀80年代末，其源頭可以追溯到邁克爾·波特（2005）[5]在《競爭優勢》中提出的「價值鏈」（Value Chain）概念，但到目前為止，關於供應鏈還沒有一個普遍認同的涵義。眾多學者從不同的角度給出了自己的觀點。

早期的觀點認為：供應鏈是製造企業中的一個內部過程，它是指企業利用原材料、零部件，通過生產轉換與銷售等活動，把產品傳遞給最終用戶的過程。

如 Stevens（1989）[6] 認為：「供應鏈是通過前饋的物料流和反饋的信息流，將材料供應者、產品生產者、配送服務中心和顧客連成一體的系統。」

Lee、Billington（1993）[7] 認為：「供應鏈是由原材料獲取並加工成半成品或成品，並將成品送到顧客手中的一些企業或部門組成的網絡。」

Lummus、Volkurka（1999）[8] 認為：「供應鏈涉及從原材料開始直到將最終產品送給顧客的所有活動，它包括獲取原材料與部件、製造與裝配、倉儲與庫存追蹤觀察、訂單進入與訂單管理、把最終產品傳遞到顧客手中等活動。」

近年來，隨著全球經濟一體化步伐的加快，使得供應鏈更加注重圍繞核心企業來組建網鏈關系。在這種關系下，供應鏈中企業間的關系，既不同於傳統「縱向一體化」所導致的上下級關系，也不同於一般貿易所導致的臨時夥伴關系，而是一種基於「橫向一體化」，建立在信任基礎上長期穩定的戰略合作夥伴關系。

如馬士華、林勇（2000）[9] 認為：「供應鏈是圍繞核心企業，通過對信息流、物流、資金流的控制，從採購原材料開始，制成中間產品以及最終產品，最後由銷售網絡把產品送到消費者手中的將供應商、製造商、分銷商、零售商，直到最終用戶連成一個整體的功能網鏈結構模式。」

清華大學劉麗文（2003）[10] 對各種定義進行綜合分析之後，提出：「供應鏈是由原材料及零部件供應商、生產商、批發商、經銷商及運輸商等一系列企業及最終消費者組成的網絡系統。原材料及零部件依次通過「鏈」中的每一個企業，逐步變成產品，產品再通過一系列流通配送環節，最後交到消費者手中，這一系列活動就構成一個完整供應鏈的全部活動。供應鏈管理的思想是把整條「鏈」看成一個集成組織，把「鏈」上的各個企業都看作合作夥伴，對整條「鏈」進行集成管理。供應鏈管理的目的主要是通過「鏈」上各個企業間的分工與合作，致力於整條「鏈」上物流、商流（鏈上各個企業之間的關系形態）、信息流和資金流的合理性和優化配置，從而提高整條「鏈」的競爭力，實現供應鏈整體績效最優。」

此外，許多國外大公司也從實踐的角度，證明了這種圍繞核心企業組建的網鏈關系。例如：蘋果、豐田、耐克、飛利浦、尼桑和麥當勞等，他們的供應鏈大多圍繞核心企業以網鏈的方式進行組建，而且這些公司非常重視在供應鏈中加強合作夥伴關系的建設。如遲曉英（2000）[11] 在綜述中指出，飛利浦公司認為加強供應鏈中合作夥伴關系建設是很重要的，通過建立合作夥伴關系，可以在重要的供應商及客戶間更有效地開展工作。

從上面列舉的定義和實例可以看出，儘管各國學者探討的角度有所不同，但是這些定義中存在著一些共性的東西。那就是在供應鏈中，包括直接或間接滿足顧客需求的所有環節。它是圍繞核心企業，通過對信息流、物流、資金流的控制，從原材料採購開始，到制成中間產品以及最終產品，最後由銷售網絡把該產品送到消費者手中，並將供應商、製造商、分銷商、零售商直到最終用戶連成一個整體的功能性網鏈結構。

範林根（2007）[12]指出在該結構中合作是前提，契約是供應鏈網鏈連接的紐帶。因為供應鏈中的每個企業作為「理性個體」，都希望通過合作來增加自己的收益，同時又必須防範別的企業利用「搭便車的機會」來損害自己的利益。因此，企業之間的信任和合作不能僅僅建立在道德基礎上，必須通過適宜的機制來對企業的行為加以約束和規範。這種機制不僅影響企業的決策行為，而且決定了企業間利潤和風險的分配關系。目前，這種最適宜的機制就是契約。供應鏈企業通過締結相應的契約，可以規範各自的決策行為，並使之統一在整體最優的框架內。

在一條典型的供應鏈中，應包括原材料、供應商、製造商、分銷商、零售商和終端顧客等（如圖 1-1 所示）。在該系統中物流從頂端的供應商一直流到最終的顧客，而信息流則在各節點中雙向流動，同時伴隨著資金流與工作流的流動。

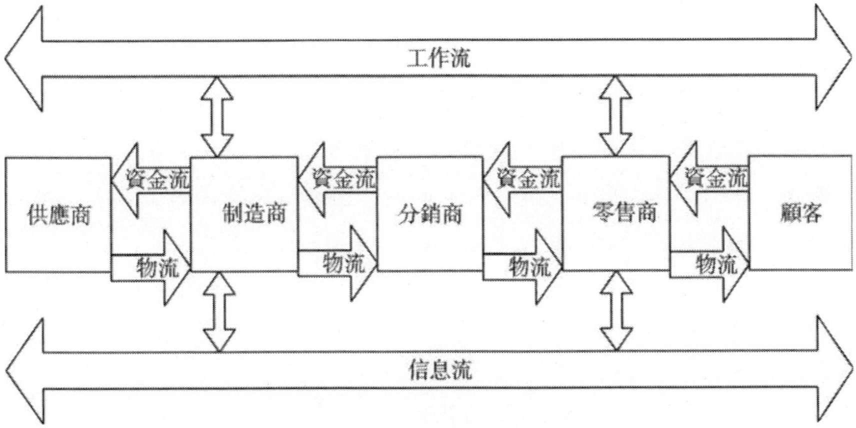

圖 1-1　供應鏈組成圖

1.1.2 供應鏈管理

由於供應鏈中每一個環節都由一些相對獨立的企業構成，因此他們在單獨決策時常常具有不同甚至相互衝突的目標和策略。例如，供應商通常希望製造商能夠定期、大量地採購，同時又希望交貨時間能盡量靈活一些。然而不幸的是，儘管大多數製造商也希望能實施長期穩定的生產策略，但是他們更需要生產方面的靈活性，以滿足市場不斷變化的需求。供應商的目標與製造商對靈活性的期望在此刻就產生了直接的衝突。面對這種兩難局面，供應鏈要想取得良好的績效，就必須通過某種方式，在一定的條件下，把這些不同的目標統一在供應鏈整體最優的大目標下。基於這種集成化的管理思想和方法，逐漸地誕生了供應鏈管理思想（Supply Chain Management，SCM）。但在不同的時期，國內外學者對它的理解有所不同。

例如：Thomas、Griffin（1996）[13]的定義為：「SCM 是設施內部和設施之間，例如供應商、製造商與裝配工廠和配送中心，物料和信息的管理。」

Cooper、Lambert（1997）[14]的定義為：「SCM 是從最終用戶到提供產品、服務和信息以及增加客戶和其他利害關系者價值的原始供應商關鍵經營過程的集成。」

Monczka、Morgan（1997）[15]的定義為：「SCM 是從外部顧客出發，然後管理所有的需要提供顧客價值的各種橫向過程。」

Cachon（1998）[16]將其定義為：「SCM 是應用系統的方法來管理從原材料供應商通過工廠和倉庫直到最終顧客的整個信息流、物流和服務流的過程。」

Mentzer（2001）[17]將其定義為：「SCM 是為了改進各個公司和整個供應鏈的長期績效，傳統業務功能方面系統的、戰略的協調以及某一特定公司內部整合這些業務功能和 SC 內部整合這些業務的策略。」

Pyke（2001）[18]將其定義為：「SCM 是指對從供應商開始，經製造和配送，到達最終顧客的穿過整個 SC 的物流、信息流和資金流的管理。它還包括售後服務和反向流動，如處理顧客退貨和重複利用包裝物和廢棄產品。」

國內學者劉麗文（2003）[10]在談論供應鏈的定義時，也給出了供應鏈管理的思想是要把整條「鏈」看成一個集成組織，把「鏈」上的各個企業都看作合作夥伴，對整條「鏈」進行集成管理。

此外，Stephen（1996）[19]將供應鏈管理的研究領域劃分為：企業供應鏈管理（如沃爾瑪公司的供應鏈）、產品供應鏈管理（如某類 IT 產品的供應鏈）和供應鏈契約。在實際的研究中，上述三個領域的界限顯得非常模糊，常常有重疊或交叉的部分。

雖然上述定義從集成化的角度反應了供應鏈管理的特徵，但是它們沒有凸顯供應鏈的「競合」關系，特別是供應鏈中的個體企業為了使整體績效最優，就必須在加強自身核心競爭力的同時，通過協調與優化來整合供應鏈的資源。所以，本書傾向採用 Simchi（2000）[20]的定義：SCM 就是對整個供應鏈進行計劃、協調、操作、控制和優化的各種活動和過程，其目標就是把顧客所需的產品能夠在正確的時間，以正確的數量、正確的質量和正確的狀態送到正確的地點，從而實現在滿足服務水平的同時使系統成本最小化。這個定義的前半部分主要體現了集成化思想，也就是競合關系中的「合」，後半部分體現了供應鏈應該以客戶為重，從側面強調了企業間的「競」。

能否在恰當的時間、地點，將質量合格、數量恰當的商品用以滿足不確定性逐漸擴大的市場，這依託於系統的決策，並對供應鏈能否獲得競爭優勢至關重要。而供應鏈系統的決策過程，是一個複雜的過程。它受到供應鏈自身結構與外部不確定性的雙重影響。其中，外部不確定性的影響將在下一節詳細討論。而供應鏈自身結構對決策過程的影響，可從供應鏈對市場需求的回應過程來進行討論。下面通過一個實例來剖析這個過程。

在一條典型的供應鏈中，上游企業向下游提供產品或者服務以滿足下游環節的需求時，必須經過採購（Source）和/或製造（Make）和/或配送（Deliver）三個基本流程（如圖 1-2 所示）[21]，供應鏈參考模型 Supply Chain Operations Reference（SCOR）。

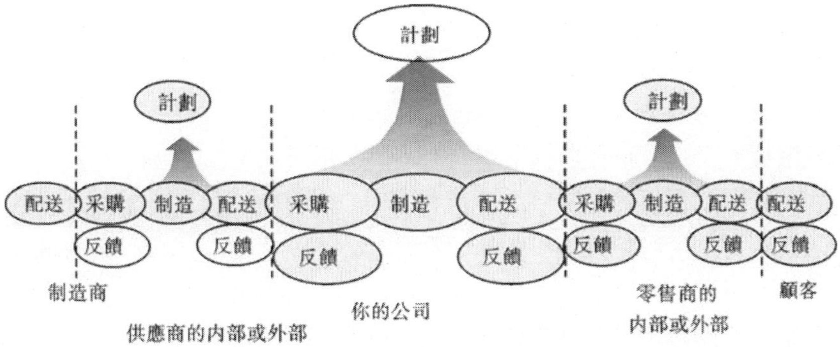

圖 1-2　SCOR 供應鏈參考模型

由於各個環節提供產品的特性有所不同，這也就決定了各個企業可以採用不同的採購、製造和配送方式（如圖 1-3 所示）[21]。圖中的製造方式包括：按庫存生產（Make-to-Stock）、按訂單設計（Make-to-Order）和按訂單生產

(Engineer-to-Order)；常用的採購方式包括：按庫存產品採購（Source Stocked Prouduct）、按單設計的產品採購（Source Make-to-order Product）以及按單製造的產品採購（Source Engineer-to-order Product）；配送方式包括：按庫存產品配送（Deliver Stocked Produt）、按單設計的產品配送（Deliver Make-to-order Product）、按單製造的產品配送（Source Engineer-to-order Product）和按零售產品配送（Deliver Retail Product）。

不同節點間採購、製造與配送方式的多樣性，再加上外部不確定性的影響，導致供應鏈的決策非常複雜。這種複雜性將可能引發分岔、混沌等複雜現象。對此，研究者已在許多模型中得到證實。例如：Kopel（1997）[22] 通過初始庫存策略對均衡市場的混沌控制問題進行了研究。Agiza、Hegazi（2001，2002）[23,24] 研究了在需求函數是非線性情況下，決策者隨市場反應速度的變化而對策略進行調整，系統會出現混沌現象。國內的閆安、達慶利（2006）[25] 研究了耐用品的古諾動態博弈模型，並對合作和非合作形式下的產量均衡結果進行比較，得出的結論是：合作情況下的產量更高。姚洪興、徐峰（2005）[26] 把有限理性的概念引入廣告競爭，研究了雙寡頭有限理性廣告競爭博弈模型的複雜性，發現隨著博弈者對市場適應速度的加快，系統會出現混沌現象。Yao、Tang（2007）[27] 研究了能源需求上漲環境下的雙寡頭重複博弈模型，研究表明：如果某寡頭企業單方面擴大自己的生產規模，而其他條件保持不變，那麼該企業在短期內可能獲得更高的產量和利潤，但這會導致整個系統不穩，從而引起分岔，使系統陷入混沌狀態。路應金、唐小我（2006）[28] 把牛鞭效應的形成過程描述成系統內部的非線性機制，並應用非線性理論對牛鞭效應的產生機理進行深入的研究。研究表明：牛鞭效應與蝴蝶效應具有同樣的自激放大機制。在受到零售商需求信息的偏差擾動時，供應商的訂貨決策會自激放大這些擾動。同時，製造商的週期性低價促銷，也會使零售商訂貨決策隨產品價格波動而自激放大需求，形成牛鞭效應。

如何有效防止供應鏈系統的分岔、混沌等上述複雜現象，使系統趨於穩定和持續高效，是供應鏈管理所關注的重要問題。而如前文所述，供應鏈中出現的這些複雜現象，一方面是由供應鏈的複雜結構所導致，另一方面是由於受到外部不確定性的影響。通過分析以往的文獻和案例，可以發現外部不確定性的確是導致這些複雜現象的重要原因。因此在外部不確定性下對供應鏈管理加以研究就顯得十分必要。

1.1.3 供應鏈的不確定性

不確定性（Uncertain）又稱為不肯定性，是指事物或過程中不具有確定的

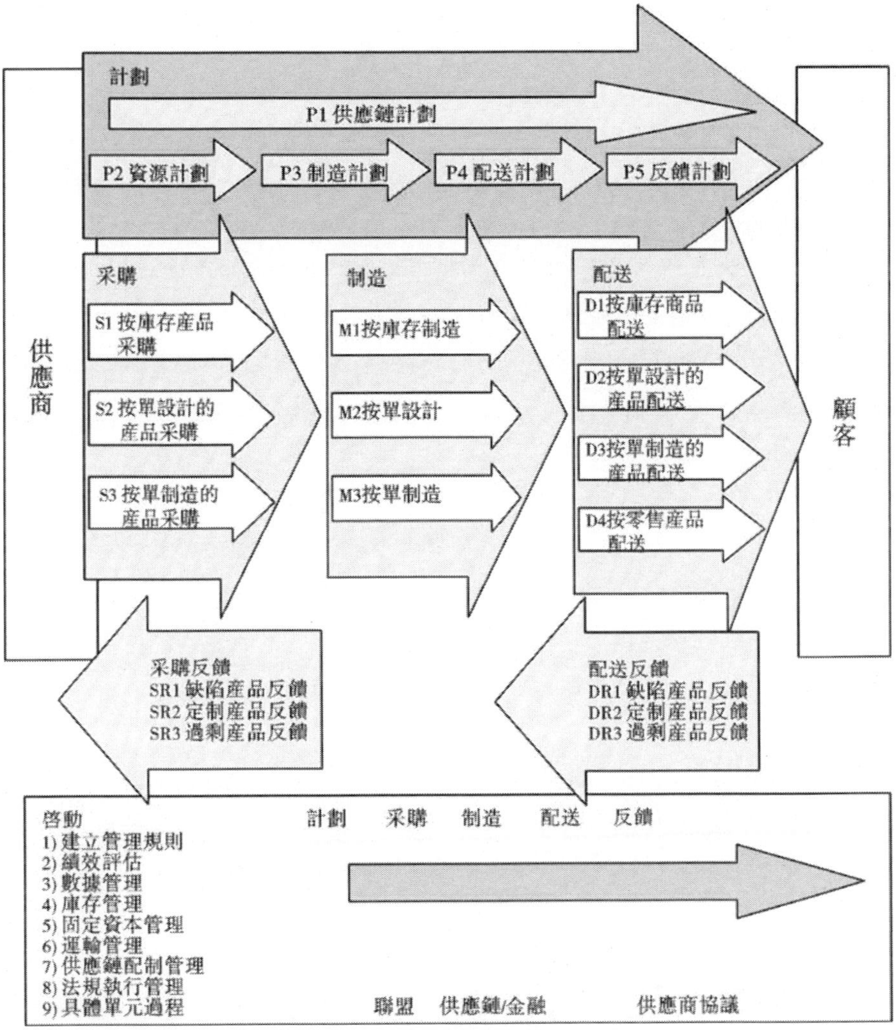

圖 1-3 SCOR 供應鏈管理的基本流程

性質。這表明人在事物的發展過程中，對事物的衍生規律和未來的結果還認識不清。如果沒有不確定性，未來和現實的界線將變得很模糊，生活從此沒有了驚訝，人們不需要對未來進行預期，只需要按部就班地運行，就一定能夠有所收穫。因為一切事情都在我們的計劃之中。但是現實告訴我們，不確定性和我們的生活如影相隨，它充斥著人類活動的方方面面。

由不確定性所引發的不確定性現象是自然界中兩種最基本的現象之一，另一種是確定性現象。通常認為，不確定性現象具有如下特點：它的初始狀態常常能被人們所感知，但是未來狀態卻難以確定。在供應鏈中不確定性現象非常普遍，且表現形式多樣，如果處理不好，會對供應鏈產生很多負面影響。

對供應鏈中的不確定性進行劃分，有很多形式。

（一）按供應鏈中的主體來劃分

它包括以下幾個方面：①供應商的不確定性：主要指供應商的選擇，以及供貨提前期的不確定性，訂貨量的不確定性等。造成這種情況的原因是多方面的，供應商的生產系統發生故障導致生產延遲，供應商的上游企業沒有按時交貨導致供應延遲，以及交通運輸方面的問題導致運輸延遲是最為常見的原因。②生產者的不確定性：主要指製造商本身生產系統的可靠性，以及生產計劃執行的偏差等。其中生產計劃執行偏差是最為常見的，因為生產計劃是根據歷史數據、當前生產系統的狀況以及未來市場發展情況做出的對生產過程的預期，但是生產過程的複雜性使生產計劃並不能精確反應企業的實際生產條件及市場環境發生的改變，所以不可避免地造成計劃與實際執行的偏差。③顧客的不確定性：主要指顧客購買力，以及消費心理和消費偏好方面的差異帶來的不確定性。通常情況下顧客的需求會按照一定的規律表現出來，但是這些規律通常比較脆弱，會受到各種外界因素的影響，從而影響顧客的購買力，反過來又影響供應鏈的生產績效。④外界環境和供應鏈企業之間的不確定性。其中，外界環境的不確定性主要受國家政治、經濟政策，以及國際貿易環境和自然災害的影響。供應鏈企業之間的不確定性，集中體現在企業之間因信息不對稱、道德風險、逆向選擇等因素使供應鏈企業間缺乏信任與溝通，致使供應鏈企業在決策時以自身的利益為主，破壞了供應鏈的整體績效。

（二）按照不確定性事件在供應鏈中發生的領域劃分

它可以分為供需過程不確定性事件、物流領域不確定性事件、製造過程不確定性事件、銷售領域不確定性事件、創新領域不確定性事件，以及供應鏈的外部環境不確定性事件等。

①在供需過程中，訂貨提前期的變動、產品質量的非正常波動，以及商品價格的變動，客戶訂單的變更等，都可能引起供需脫節，從而引發供需過程中的不確定性現象。其中，訂貨提前期的變動是引發供需不確定性現象的主要原因。通常訂貨提前期是指零售商（或製造商）向製造商（或供應商）發出訂單開始，直至零售商（或製造商）收到產品為止的這段時間間隔。誘發訂貨提前期變動的因素很多，主要包括上游生產時間的不確定、運輸時間的不確定、產品質量問題等。

②物流領域主要包括倉儲、運輸、配送等基本活動。其中運輸與配送環節，常常需要外部運輸公司、第三方物流企業來協作供應鏈共同完成任務。但

是由於這些外部企業與供應鏈之間不具有直接的上下級關系，因此這些企業的任務完成情況對供應鏈來說便是不可控的，外加企業間在管理水平、信息化水平以及服務水平上也存在著一定的差異，都可能導致貨物在保存和運輸過程中，發生意外損壞或延誤，並最終導致貨物不能按時送到訂貨人的手中，引發物流領域中的不確定性現象。

③在製造過程中，由於貨源短缺、機器故障、製造計劃的臨時調整，以及設計工藝中固有的缺陷等，都可能影響最終產品的質量、數量以及交貨期等，並引發製造過程中的不確定性現象。

④在銷售領域中，時間和市場情況可以說是引發銷售不確定性事件最直接的原因。此外，可替代產品的價格、匯率變化、公司的銷售策略、通貨膨脹率、關鍵零部件的短缺與過剩、公司的信譽以及產品評價指標變化都可能導致銷售不確定性事件的發生。

⑤創新領域主要包括：技術創新與服務創新。其中，技術創新是指將新技術轉化為商品，從而通過市場轉化實現其內在的價值，獲得經濟效益的過程與行為。而服務創新是基於技術支持上的概念創新、顧客界面創新以及服務傳遞創新等。由於技術創新與服務創新都可以給企業帶來巨額的回報，為了獲得持續、穩定的發展，很多企業都願意在創新方面投入大量的人力與物力。供應鏈企業也不例外。由於供應鏈包括了採購、生產、銷售的全過程，所以供應鏈中經常會出現技術創新與服務創新相互交織的現象。但是由於技術創新、科技成果的轉化以及服務創新都存在著巨大的風險，所以企業在創新方面的投入可能會引發創新領域中一系列的不確定性現象。

⑥供應鏈的外部不確定性，通常由原材料行情的變化、人力資本的變化、外部突發事件的爆發、利率和關稅的變動以及國家宏觀調控政策的變化所引起。此外，時間或節氣的變化，也是引發外部不確定性的重要原因。如美國零售市場的聖誕銷售期，中國的「十一黃金周」、春節長假等，在短短的一個銷售期內，某些商品的銷售量會占到全年銷售額的一半以上。如果相關企業沒有提前做好商品銷售準備，就會嚴重影響企業全年的銷售計劃。外部環境變化常常會影響消費者的消費偏好，如最近突然爆發的金融風暴，就嚴重地影響了消費者的消費行為，並致使很多企業舉步維艱。由於這些外部不確定性引發的不確定性現象對供應鏈的影響巨大，所以有必要對它們進行相關的研究。

（三）根據賈江鳴（2008）[29]按照不確定性現象發生的頻率分為：

①發生頻率較高的不確定性現象，其主要包括：供貨提前期的變動、客戶訂單的臨時變更、貨物保存和運輸過程中引發的意外損壞、運輸時間的變更、

第三方物流配送機構計劃的調整、製造設備的意外損壞、製造計劃的臨時變更、製造工藝的改動、原材料和外部構件的變更、價格與質量的非正常波動、外部原材料市場的波動、由促銷和節氣變化所導致的需求變更、人力資本的價格波動、批發商非計劃內地囤積貨物引發的突發性需求。②發生頻率低的不確定性現象，其主要有：突發性貿易壁壘、匯率突變、國際金融危機、供應鏈領域的突發事件、節點企業間業務的臨時調整。

（四）按照不確定性事件對供應鏈性能的影響可分為：

①對供需數量方面的影響：原材料和外購部件質量的非正常波動、商品價格的非正常波動、顧客訂單變更、生產計劃的變更、生產設備的損壞、貨物在存儲和運輸過程中的損耗、批發商非計劃地囤積貨物引發的突發性需求。②對時間方面的影響：供貨提前期的變更、供應商交貨期的變更、運輸貨物時間表的變更、生產計劃的變更、外部環境的變化所導致的需求期提前。③對成本方面的影響：外部原材料價格的波動、人力資本價格的波動、能源價格波動、匯率變動、利息變動、突發性的貿易壁壘、關稅的變動、國家宏觀政策的影響。

上述這些分類雖然有一定的道理，但是在實際應用中，特別是研究供應鏈的不確定性現象時，遇到一些建模的困難。基於此，本書提出了一種新的分類方法，把供應鏈中的不確定性現象分為兩類。一類叫做常規的不確定性現象（以下簡稱常規的不確定性），就是說這類不確定性現象可以被預測。我們可以利用以往的歷史數據來預測它們未來的變化趨勢，甚至可以用隨機變量的分佈情況對該不確定性進行較為精確的刻畫。例如，文獻中常用一個已知分佈函數的隨機變量來代表市場的需求情況，就屬於此類情形。另一類叫異常的不確定性現象（以下簡稱異常的不確定性）。由於這些不確定性現象發生的概率較小，且事件發生具有突然性和不穩定性，因此關於它們的歷史數據比較缺乏，規律也難以認清，因此沒法預測。而異常的不確定性是引發供應鏈應急事件的重要原因。

由於這兩類不確定性現象的性質差異很大，因此在供應鏈管理中處理的方式也有很大不同。對於常規的不確定性，可以通過契約機制來協調供應鏈。因為通過契約，一方面可以分擔成員間的市場風險，調整各自的激勵關系；另一方面可以減少這種不確定性帶來的負面影響，從而提高供應鏈的整體績效。當然天有不測風雲，當面對異常的不確定性時，由於該類不確定性超出了供應鏈的可控範圍，所以很容易導致供應鏈應急事件的發生。例如，「非典」流行造成國內很多藥店的呼吸道藥品脫銷，產品需求量急遽增加；「5·12」汶川地震造成很多商品供需脫節。由於這些應急事件發生得突然，如果企業缺乏適當的應急管理措施，將會給供應鏈造成很大的損失。綜上可知，針對這兩類不確定性現象，很有必要深入對供應鏈的契約協調機制和應急管理進行研究。

1.2 供應鏈契約機制綜述

供應鏈管理包括了對整個供應鏈進行計劃、協調、操作、控制與優化的各種活動與過程，它的目標就是將滿足客戶需求的商品在正確的時間、正確的地點，以正確的數量準確無誤地送到客戶的手中，同時要使供應鏈整體的成本最小。要實現這個目標，就離不開協調。

從經濟學的角度來講，協調就是指資源配置的方式。不論是個體還是組織，只要他從事經濟活動，必然要面臨一系列的資源配置問題，包括：生產什麼、使用何種資源進行生產、生產多少、產品針對的消費群體是什麼等問題。由於現代社會高度發達，社會分工精細，個體與個體之間的依存關系明顯，且個體的最優決策所決定的資源配置，不一定在社會這個層面達到最優，所以為了使個體的資源配置在社會層面上也達到最優，就必須要進行協調，通過合理的信息共享、風險分擔、共同協作以達到合理配置資源的目的。

從管理學的角度來講，「協調是管理的核心」。管理者通過協調來消除或減弱個體在決策方式、決策時機、利益感受以及努力程度等方面所存在的差異，並把個體的目標統一在整體利益最大的框架下進行運作。由於個體之間相對獨立，他們對共同利益、整體目標有著不同的理解，而且即使理解達到了一致，他們為了整體目標所採取的各種活動與努力也需要別人的配合。這一切就決定了協調在管理中的核心地位。

由此可見，不論從經濟學層次上看，還是從管理學層次上看，它們對協調的解釋並沒有本質的區別。協調就是通過一定的手段，不僅使個體自身感受到其他個體的影響，而且也讓其他個體感受到它的影響，並且雙方為此做出適當的調整，以便個體和整體都達到更有效率的狀態。

由於供應鏈中各個體相對獨立，且它包含了從原材料供應商、生產廠商、批發商、零售商直到最終顧客的整個信息流、物流和服務流的集成，所以若沒有一定的協調機制，很難保證個體的最優決策組合與整個供應鏈系統的最優決策組合相一致。因此從供應鏈的本質來講，它的核心就是協調。通過協調，供應鏈可以合理改進資源的配置與運作結構，從而減少不確定性帶來的負面影響。良好的協調機制既能調動合作企業的積極性，又能實現供應鏈的整體效益，可以最大限度地提升供應鏈的綜合競爭力。

供應鏈協調的研究動機來自於 Forrester（1958）[30] 發現的工業動態（Industrial Dynamics）現象。這種現象是指導致工業組織低效的需求信息放大、延遲和振蕩的情形。在庫存管理的研究中，Sterman（1989）[31] 通過「啤酒分銷博弈」驗證了這種現象，並將其解釋為供應鏈系統成員的非理性行為所致。Lee、Padmanabhan（1997）[32, 33] 對需求逐級放大現象進行了深入研究，將其定義為「牛鞭效應（Bullwhip Effect）」或「福勒斯特效應（Forrester Effect）」，並將其產生的原因歸結為四個方面：需求預測（Demand Signaling）、批量訂貨（Order Batching）、價格波動（Price Fluctuation）和短缺博弈（Shortage Game）。供應鏈協調的目標就是減少需求的不確定性，從而達到改善和優化供應鏈整體績效的作用。

供應鏈契約是供應鏈協調中最為常用的手段。通常，契約是指通過合適的信息與激勵機制來保證交易順利，同時優化業績，明確各自權利與責任關系的相關文件及條款。契約理論認為企業內部或者企業之間的契約可以直接決定資源的配置方式。如果契約所規定的協調機制能使供應鏈的活動滿足納什均衡，則說明契約起到了協調供應鏈的作用，因為在納什均衡下，理性的供應鏈成員不會偏離最優的行為。

由於供應鏈契約的可操作性強，且形式靈活，所以一直被學術界和業界所推崇。特別是在常規的不確定性下，契約理論研究取得了豐碩的成果。實踐中，很多企業也逐漸認識到：通過制定有效的契約，供應鏈整體績效可以得到顯著改善，而供應鏈成員間的合作夥伴關系也可以通過契約得到保護和鞏固。即使供應鏈契約不能使供應鏈達到最好的協調，但也可能達到帕累托（Pareto）最優，可以保證每一個成員的利益至少不比原來差。

因此，接下來主要從契約的角度來回顧供應鏈協調管理研究的現狀。由於本書主要考慮不確定性下的供應鏈協調機制研究，所以文中基本沒有考慮確定需求下的相關文獻，契約綜述的研究主要是針對隨機需求的情況。在討論契約之前，我們有必要先回顧一下報童模型，也稱「報童問題（Newsvendor Problem）」。因為報童模型是我們開展契約研究的一個基礎。

1.2.1 報童問題

對於「報童問題（Newsvendor Problem）」，其研究的歷史較長，最早可以追溯到 1888 年，Edgeworth 把這一模型運用到銀行現金流的管理中。但是當時並沒有引起人們足夠的認識，直到第二次世界大戰後才真正受到學術界的廣泛重視。近年來隨著供應鏈管理的興起，特別是契約協調手段的廣泛運用，報童模型作為一種基本的研究模型，頻繁地出現在各種供應鏈的研究文獻中，因此有必要對報童模型的現狀和發展情況做一個簡要的回顧。

報童模型作為一個有名的運籌學模型，根據錢頌迪主編的運籌學教材對於報童模型的描述：報童每天銷售報紙的數量是一個隨機變量，報童每售出一份報紙賺 k 元，如果報紙沒能售出，每份賠 h 元。每日售出報紙份數 r 的概率 $P(r)$ 根據以往的經驗是已知的，問：報童每日最好準備多少份報紙？

由於報童模型具有結構簡單、條理清晰的特點，所以該模型被大量地應用於供應鏈管理中，特別是易逝品（Perishable Products）的研究中。易逝品也被稱為易變質產品、時效品或季節性產品等。由於易逝品具有需求不確定、生產提前期長、銷售週期短、期末沒售出的產品殘值低等顯著特點，這些特點與報童模型非常吻合——報童模型中，報紙本身即可看作一種易逝品。而且近年來，隨著社會和科技的發展，人們生活水平不斷提高，消費者的需求越來越突出個性化和多樣化，這促使越來越多的產品更新換代不斷加速，產品的生命週期越來越短，這使得很多商品都具有一定易逝品的特徵。例如：高科技的電子產品（電腦和手機等數碼類消費品）、時裝、玩具、易腐蝕物品（加工後的食品、鮮花、海鮮等）、圖書雜誌報紙、航班的機票、演唱會門票、各種節日禮物等。可以毫不誇張地說，在我們的現實生活中，易逝品隨處可見。

從上面的描述可以看出，報童模型體現出以下特點：①報童模型自身並不複雜；②該模型在現實生活中應用前景較為廣泛。最初建立報童模型，只是為了提供一種解決需求為隨機狀態，零售商根據產品的銷售預期來決定產品訂購量的理論工具。隨著社會和科技的進步，該模型越來越成為供應鏈管理中契約分析的基本模型。

在基本報童模型中，暗含了這樣一個前提：那就是報紙的市場需求是不確定的，但報童可以根據以往的經驗來推測報紙的需求分佈。報童在銷售期來臨之前，向報紙供應商訂購單一品種的報紙，在銷售期中，他沒有機會更改報紙訂購量，在銷售期結束後，沒賣出的報紙將以非常低廉的價格進行處理。因此，為了獲得最大的收益，報童就必須在銷售期來臨前，確定自己的最優訂購量。因為過多或過少的訂貨量都會給報紙的銷售造成困難，從而影響報童的期望收益。如果我們把報童換成零售商，報紙供應商換成供應商，把銷售報紙改成銷售易逝品，那麼該模型就變成了供應鏈中銷售易逝品的基本模型。我們用下面的數學模型對報童模型做簡單的描述：

假設存在單一供應商和單一零售商的易逝品供應鏈。零售商面對隨機的市

場需求 x。在銷售季節來臨之前，零售商可有一次向供應商訂購單一產品的機會，在銷售季節結束之前，零售商沒有再次訂貨的機會。銷售季節結束後，零售商將以非常低廉的價格處理沒賣完的商品。

零售商的採購成本為 c；

零售商的定購量為 q；

市場銷售價格為 p；

季末沒有銷售出去的產品殘差值為 v，$(v < p)$；

隨機變量 x 的概率分佈為 $F(x)$；

隨機變量 x 的概率密度函數為 $f(x)$。

其中，$(v < p)$ 是為了促進剩餘產品的銷售。零售商期望的銷售利潤為：

$$\pi(q) = p\int_0^q xf(x)dx + pq\int_q^{+\infty} f(x)dx + v\int_0^q (q - x)f(x)dx - cq \qquad (1\text{-}1)$$

對式（1-1）中的 q 求一階導數有：

$$\pi'(q) = p - c - (p - v)F(q) \qquad (1\text{-}2)$$

對式（1-1）中的 q 求二階導數有：

$$\pi''(q) = -(p - v)f(q) < 0 \qquad (1\text{-}3)$$

由於二階導數小於零，所以零售商的期望利潤 $\pi(q)$ 在 $q = q^*$ 時存在最大值，q^* 是在一階導數為零時求得的。

令式（1-2）的左邊為零有：

$$p - c - (p - v)F(q) = 0 \qquad (1\text{-}4a)$$

求解式（1-4a）有：

$$q^* = F^{-1}\left(\frac{p - c}{p - v}\right) \qquad (1\text{-}4b)$$

從上面的分析可以看出，報童模型從某種意義上來說，是易逝品零售商在面對隨機需求時，決定最優訂購量的數學模型。隨著研究的深入，人們對報童模型進行了一些擴展，主要有以下幾個方面：

①擴展到不同目標和效用的函數；

②擴展到不同的供應商定價策略；

③擴展到不同的報童模型定價策略和折扣結構；

④擴展到隨機領域；

⑤擴展到相關需求的不同信息狀態；

⑥擴展到帶約束的多產品問題；

⑦擴展到可替代的多產品問題；

⑧擴展到多層結構系統；

⑨擴展到複合定價模型;

⑩擴展到多階段,零售商可以有多次訂貨機會;

⑪擴展到為銷售季節做準備的多階段模型;

⑫其他應用的擴展模型。

人們在對報童模型的研究中還發現:當供應商和零售商作為一個整體來決策時,供應鏈的最優訂購量顯然優於零售商作為理性個體單獨決策時的定購量。這也就是我們常說的「雙重邊際化」問題。也就是說,風險中性的供應商和零售商在分散決策下供應鏈的期望利潤低於整合供應鏈模式下的期望利潤。

因此,尋求協作、降低供應商和零售商的市場風險、提高整個供應鏈的協作效率成為人們關注的焦點問題。而在一系列尋求協作的方法中,供應鏈契約理論可以說最為引人矚目。因為通過契約,不僅能調整供應鏈中各方的利益關系,也能分散整個供應鏈的風險。因此在一定條件下,運用合適的契約,能使供應鏈在分散決策下的最優利潤與集中決策下供應鏈的最優利潤相等。下文筆者將對常見的契約進行綜述。

1.2.2 批發價格契約

批發價格契約(The Wholesale Price Contract,以下簡稱 WPC),是最簡單的契約形式,也是實踐中運用最為廣泛的一種契約。在該契約下,零售商根據市場需求和批發價格來確定自己的定購量,而供應商則根據零售商的訂購量組織生產,零售商負責處理庫存產品。因此,在普通的批發價格契約下,供應商獲得確定的利潤,而需求不確定性所導致的所有風險完全由零售商承擔,因此該契約無法實現供應鏈協調(Lariviere & Porteus,2001)[34]。如果採用批發價格契約,零售商在購買商品時僅需要向供應商支付單位批發價 w,然後以市場價格 p 把商品銷售出去。零售商向供應商提供的轉移支付為:

$$T_w(q, w) = wq \tag{1-5}$$

在不同的外部環境中,上式可以有不同的表現形式。Bresnaban、Reiss(1985)[35]研究了確定性需求下的 WPC。Boyaci、Gallego(2002)[36]給出了面對報童問題(Newsvendor Problem)的更為完整的分析。他們認為只有在供應商獲取零或者負利潤時,WPC 才能協調供應鏈。究其原因:供應商和零售商都是風險中性的理性人,所以他們在生產活動中會以自身利潤最大化為目標,而不去考慮供應鏈的整體績效,從而引發雙重邊際效應,導致供應鏈協調失敗。所以通常 WPC 被認為是一種不能協調供應鏈的契約。該現象由 Spengler

最先發現。Dong、Rudi（2001）[37]將這類問題拓展到更寬泛的需求分佈，研究了批發價格由供應鏈外部和內部確定的兩類 WPC，並對庫存運轉下利潤的分配進行了討論。唐宏祥（2004）[38]討論了當供應鏈下游存在多個競爭性成員的情況下，批發價契約和收入共享契約不能協調供應鏈的原因，並提出利用線性轉移支付契約來協調供應鏈。劉春林（2007）[39]對唐宏祥的研究進行了擴展，研究表明：通過選擇恰當的獎懲因子以及限定最低的銷售規模，供應鏈也可以達到協調。趙正佳（2008）[40]對兩階段的供應鏈建立了批發價與價格補貼的聯合契約。在該契約中，零售商在銷售季節來臨前只有一次訂貨機會，銷售分兩階段進行，在第二階段價格下降時，供應商對零售商第一階段沒有售完的產品進行價格補貼。研究表明：聯合契約能夠實現供應鏈的協調；單純的價格補貼契約能夠激勵零售商的訂貨量達到系統最優水平，但會損害供應商的利益，不能真正地做到供應鏈協調。從上文提及的 WPC 契約分析可以看出：單純的 WPC 契約由於雙重邊際效應的原因，基本不能起到協調供應鏈的作用，但是在一定條件下，它和其他契約結合起來，就能發揮協調作用，如唐宏祥（2004）[38]、趙正佳（2008）[40]就是用的這種方法。

由於 WPC 應用前景比較廣泛，所以今後的研究還可以做以下一些拓展。首先，可以把風險因素和補償因素考慮進來，研究供應鏈的協調問題。由於最近重大事件（如生產事故、恐怖事件、自然災害、金融危機等）比較頻繁，給企業和社會造成了巨大的影響，因此在考慮供應鏈風險的背景下，研究如何運用批發價契約和其他契約組成的聯合契約來減小供應鏈的損失，甚至是協調供應鏈，就顯得很有意義；其次，已有的文獻對物流和信息流的研究較多，而對資金流的研究較少。在全球金融危機的背景下，可以考慮零售商在出現資金短缺的情況下，供應商如何運用 WPC 聯合契約以及貸款合同來激勵零售商多訂貨，同時也可以考察在資金流短缺的情形下，供應鏈的協調條件。當然還可以考慮在供應鏈中其他成員出現資金短缺、或者整條供應鏈都出現資金短缺的情形下，供應鏈如何運用 WPC 聯合契約來改進供應鏈的績效；最後，還可以考慮供應鏈中零售商、供應商之間存在風險偏好與消費安全責任時，WPC 聯合契約怎樣協調供應鏈。由於以前的文獻多以風險中性假設為條件來研究供應鏈，因此可在供應鏈中存在混合風險偏好（供應商和零售商的風險偏好不一樣）的情況下，研究供應鏈如何運用 WPC 聯合契約來協調供應鏈。此外，隨著「三聚氰胺事件」以及「豬流感」的爆發，引發了供應鏈中的食品安全問題。由於食品安全是關系國計民生的大事，因此供應商和零售商在考慮安全責任的情況下，如何用 WPC 聯合契約來協調供應鏈也值得進行進一步的研究。

1.2.3 回購契約

回購契約（The Buy Back Contract）也稱作退貨策略，是指供應商通過承諾以低於進貨的價格買回銷售季節結束時所有的剩餘商品，從而刺激零售商增加進貨的數量。該契約中的轉移支付函數可以表示為：

$$T_b(q, w, b) = wq - bI(q), \ b \leq w \tag{1-6}$$

其中，w 為指定的批發價，b 為回購參數，$I(q)$ 為季節末期望的剩餘。這一契約的作用是：通過增加零售商每件剩餘產品的殘值，從而提高零售商的訂貨量。該契約隱含了這樣一個假設：在每個季節末，零售商都要把沒有售完的剩餘產品退還給供應商，而且供應商處理這些剩餘產品所獲得的殘值，往往高於零售商以其他方式處理這些產品的殘值。Pasternack（1985）[41]研究了一類需求期很短的商品的定價問題，運用優化定價和退貨策略來確保渠道協調。Padmanabhan、Png（1995）[42]從管理實踐的視角，描述了供應商對零售商季末沒有售出的商品進行回購，將對整個供應鏈的收益產生什麼樣的影響，並分析了回購契約在實施中發生的各項費用以及如何操作的問題。Kodama（1995）[43]研究了商品在訂購後，零售商可以在銷售季節來臨之際部分退貨和補定貨物的案例，結果表明該策略可以提高零售商的期望利潤水平。Emmons、Gilbert（1998）[44]研究了當零售商必須在銷售季節前夕作出訂貨量和定價決策時，回購契約對供應商和零售商雙方期望利潤的影響。Tagaras 和 Cohen（1992）[45]、Anupindi 和 Bassok（2001）[46]、Donohue（2000）[47]分別考慮了在集中系統下與分散系統下的庫存再平衡問題，並研究了在允許提供給供應商多次生產機會的情況下，對需求預測進行改進的協調問題。Ding、Chen（2002）[48]研究了運用回購契約實現三層供應鏈渠道的協調問題。國內學者賈濤、徐渝等（2006）[49]研究了在市場需求隨機依賴於零售商的初始庫存量，且庫存成本為非線性的情況下，回購契約如何來協調供應鏈。於輝、陳劍（2005）[50]研究了在突發事件造成零售商的原有需求變化時，如何用改進後的回購契約來協調供應鏈以應對突發事件。該研究表明改進的回購契約對於供應鏈突發事件造成零售商臨時的需求變化，具有很強的魯棒性。徐最、朱道立（2008）[51]研究了在銷售努力水平影響需求的情況下，傳統的回購契約無法協調供應鏈的原因，並給出努力水平以兩種形式影響需求時，零售商的最優努力水平和訂貨數量的表達式，並提出了兩種限制性的回購契約，通過限制供應商回購產品的數量來協調供應鏈。Su（2008）[52]研究了供應鏈在應對有遠見的消費者時，消費者的策略行為如何影響供應鏈的績效。其中，供應商銷售的商品具有易逝品的特點：銷售的產品在接近季節末時，價格會急遽下降。消費者預計到供應鏈企業的銷售情況，因而可以選擇自己購買商品的最佳時機，以便最大化消費者的期望剩餘。研究表明，在消費者策略影響下，供應鏈企業在分散決策下採用批發價契約比集中化決策下採用該契約能取得更好的績效；此外，在消費者的策略影響下，通常能夠協調供應鏈的回購契約也有所失效，它不能在成員間任意地劃分利潤。

從上面關於回購契約的分析，可以看出回購契約的應用領域正在不斷地拓寬。通常供應商在能監控零售商銷售數量，且監控成本不超過執行該契約帶來的收益時，選擇回購契約是一個明智之舉。但是隨著回購成本和監控成本的上升，執行回購契約就會遇到一些困難。此時可能需要根據供應鏈所處行業的特點，設計出合理的回購成本區間，以保證回購契約的使用效果。此外，我們還可以在以下幾個方面對回購契約的研究進行拓展。首先，在一個普通的回購契約中加入一些外部條件（比如討價還價過程、市場促銷活動）後，有可能會出現這樣的情形：能夠協調供應鏈的回購參數（w，b）可能不只一組，如何在眾多滿足條件的契約參數中找出最優解是一個值得關注的問題；其次，由於回購契約有很好的抗擊應急事件的性質，因此在供應鏈發生應急事件的條件下，研究供應鏈如何運用回購契約來協調不同情形的應急事件也是一個值得關注的方向；最後，在零售商、供應商之間存在混合風險偏好，以及考慮多風險源的情況下，如何運用聯合回購契約（也就是回購契約和其他契約的組合）來提高供應鏈的抗風險能力，並改善供應鏈的整體績效也是一個值得關注的方向。

1.2.4 收入共享契約

收入共享契約（The Revenue Sharing Contract）也稱收益共享契約，是指供應商向零售商提供商品的批發價 w 接近甚至低於成本價，此時零售商為了補償供應商的損失，便把自己的銷售收入按一定的比例（由雙方事前商定）返還給供應商，從而確保雙方在該契約下的收益水平高於分散控制狀態，甚至可以達到集中決策下的最優績效。該契約首先在美國激光唱片租賃行業應用並取得較大成功。在一般的收入共享契約下，假設零售商能夠誠實地把全部收入（包括季末銷售的殘值收入）拿出來與供應商分享，且供應商不需為此付出額外的監控成本。如果令零售商分享供應鏈收入的比例為 φ，那麼供應商分享供應鏈收入的比例為 $(1-\varphi)$，$0<\varphi<1$，該契約中的轉移支付函數可以表示為：

$$T(q, w, \varphi)=(w+(1-\varphi)v)q+(1-\varphi)(p-v)s(q) \quad (1-7)$$

在式（1-7）中，w 為指定的批發價，v 為剩餘商品的殘值價格，p 為商品的零售價格，$s(q)$ 為零售商期望銷售的商品數量。Pasternack（1999）[53]研究了單零售商通過收入共享策略和單一的批發價格策略購買商品的決策模型，但沒有探討其系統協調問題；Cachon、Lariviere（2005）[54]給出了關於收入共享契約的一般性分析，並在固定價格報童模型與價格設定報童模型下，把收入共享契約、回購契約、價格折扣契約、數量彈性契約、銷售回扣契約，以及特許合同和數量折扣合同等進行比較，研究表明收入共享契約在固定價格報童模型下與回購契約等價，而在價格設定報童模型下與價格折扣契約等價。此外，他們還探索性地分析了收入共享契約沒有在現實生活中得到廣泛應用的兩個原因：一是實施收入共享契約的管理成本和監控成本過高；二是實施收入共享契約後可能會降低零售商銷售的積極性。Mortimer（2000）[55]針對錄像租賃產業，對收入共享契約的影響進行了詳細的計量經濟研究，發現該契約可以增加7%的供應鏈利潤。Gerchak（2004）[56]研究了多個供應商和一個製造商的情形，並把收入共享契約和批發價契約協調的狀況進行了比較分析。黃寶鳳（2005）[57]針對一個製造商和N個相互競爭的零售商的情形，研究了完美共贏收入共享契約的存在性問題，並給出收入分配比例系數與批發價滿足完美共贏收入共享契約的條件。柳鍵、馬士華（2004）[58]假定一個上游製造商和N個下游供應商，且零售價格隨銷售量減少的條件下，把收入共享契約和批發價格契約進行比較，研究表明在信息共享的情況下，收入共享契約優於批發價格契約，在供應商增多的情況下，批發價格契約績效變好，而收入共享契約績效變差。陳菊紅、郭福利（2009）[59]運用風險約束理論，對一個兩階段供應鏈模型中風險規避型的零售商與其風險中性的供應商之間進行契約設計與建模。研究表明在供應鏈的收益共享契約下，風險中性方為風險規避者提供了一定的風險保護，使得風險約束得以滿足，並且零售商與供應商的利潤在該契約下均得到一定的提高。

從上面的分析可以看出，收入共享契約在不同的條件下可以等價於別的契約，這說明該契約具有很好的柔性，但是導致該契約出現柔性的原因還值得進一步的研究。其次，從實踐中可以看出，收入共享契約主要用在租賃行業，而在其他行業相對較少。這一方面是因為它的監控成本過高，管理比較困難所致；另一方面也隱含地說明：不同的契約有不同的應用領域。而未來能否在一個統一的框架下，研究出一種跨行業的具有協調功能的通用契約，也是一個有意義的研究課題。此外，目前對供應鏈契約的研究主要集中在兩級供應鏈，而在實踐中情況則要複雜得多。因此可以把收入共享契約擴展到三級或者多級，並可在同時考慮供應鏈中存在道德風險或逆向選擇的情況下，研究收入共享契約對供應鏈的協調作用，以及該契約對供應鏈績效的影響。最後，從收入共享契約的回顧中可以看出，該類契約對供應鏈中存在混合風險的情況，具有一定的協調作用。但是顧客的風險偏好有很多形態：如風險中性（Risk Netural perferences）、風險厭惡（Risk Averse perferences）、偏好風險（Risk Seeking perferences）、損失厭惡（Loss Averse perferences）、浪費厭惡（Waste Averse perferences）、缺貨厭惡（Stockout Averse perferences）等。如果把這些不同的形態進行組合，應該是一個很好的研究方向。但是在這些混合風險的形態下，對契約求解可能會遇到一些困難，特別是很多情形下可能沒有直觀的解析解，這可能需要求助於數值解法和仿真。

1.2.5 彈性數量契約

彈性數量契約（The Quantity Flexibility Contract，QFC），該契約允許供應鏈中有兩次訂貨的機會，即供應商允許零售商在對市場需求量進行觀測後，可以調整商品的訂購數量。同時供應商對零售商在規定數量內沒有銷售完的商品進行全面的補貼，這也就暗示了零售商的訂貨量必然會大於某個規定的數量。該契約經常應用於電子業和計算機業的零部件交易中，有時亦出現在汽車行業中。它的轉移支付函數可以表示為：

$$T(q,\ w,\ \delta) = wq - (w + c_r - v)\int_{(1-\delta)q}^{q} F(y)dy \qquad (1-8)$$

其中，(1-8) 式中積分號的下限 $(1-\delta)q$ 表示零售商承諾購買的商品數量，整個最後一項表示供應商提供給零售商的超過規定的訂購量，並在季末對沒有售完的商品的補償。QFC 是一種在滾動水平計劃（Rolling-horizon Planning）下協調供應鏈物流和信息流的有效方法。雖然 QFC 與回購契約很相似，但是它不要求回購商品。在商品回購成本很高時，QFC 要比回購契約更有效。由於 QFC 能提高零售商定購貨物的平均數量，所以它能增加供應鏈的整體收益。Tsay（1999）[60]研究了採用數量柔性契約來實現供應鏈系統協調的問題。因零售商在發出最終訂貨量之前僅取得了部分市場信息，數量柔性契約可用於幫助將市場的觀測信息融入最終的訂購決策。接著，Tsay、Lovejoy（1999）[61]研究了更複雜的 QFC，他們將問題拓展到多需求週期、提前期和允許貝葉斯更新的兩階段需求預測中。在多週期模型中，發現運用 QFC 可以抑制供應鏈訂貨的多變性，而這個問題在單週期模型裡卻被忽視了。Wu（2005）[62]將 QF 契約和 QR 系統相結合，考察了在貝葉斯更新下零售商的訂購決策，構建了新的契約（c，n，ω，q）（該契約的參數依次為批發價、生產提前期的信息更新次數、靈活比例及訂購量)。研究表明，在貝葉斯更新下供需雙方均能從信息更新中受益。何勇、吴清裂（2006）[63]在需求不確定且與努力水平相關的前提下，分析了彈性數量契約模型。研究表明，由於銷售商實施努力需要付出相應成本，此時傳統的數量柔性契約無法實現供應鏈協調，通過引入供應商共擔努力成本這一措施，使供應鏈恢復到協調狀態，並給出了優化方法。Chan（2006）[64]用仿真的方法研究了如何用彈性數量契約來減小供應鏈的不確定性。仿真結果表明利用彈性數量契約能夠成功地減小供應鏈不確定性造成的衝擊，從而提升供應鏈的績效。

由於彈性數量契約涉及二次訂貨，因此商品的訂購量需要建立在準確預測的基礎上。如果零售商不承擔任何風險，他們就有可能誇大預測值，從而引發牛鞭效應，導致供應鏈的績效下降。要想解決這個問題，只有加強共同業務管理和信息共享建設，以此來加強雙方的瞭解和溝通，從而提高預測精度。但是要建立完善的信息共享機制還有許多需要解決的問題：首先是信任問題，這是信息共享面臨的最大障礙；其次，建立信息共享需要增大投入成本；最後，由於供應鏈自身的動態性特徵，給信息共享造成一定的困難。因此如何在安全、可靠的信息共享基礎上實施 QFC 是未來一個重要的研究方向。此外，我們可以看到，加強預測方法、提高預測精度也是改善彈性數量契約的一個重要方面。但是現實中，要想獲得較為完整的數據有時非常困難，因此需要對傳統的預測方法進行一些改進，所以通過灰色理論、貝葉斯神經網、模糊聚類等新的數學方法來拓展預測方法並與彈性數量契約相結合也是一個很好的研究方向。最後，在考慮消費者偏好的條件下，研究彈性數量契約的性質和績效也是一個值得嘗試的方向。

1.2.6 銷售回扣契約

銷售回扣契約（The Sales Rebate Contract），是指供應商向零售商收取每單位 w，只要售出的商品數超過一個閾值（最低限值）t，供應商就向零售商提供每一個售出單位 r 的回扣。它的轉移支付函數可以表示為：

$$T(q,\ w,\ r,\ t) = \begin{cases} wq & q < t \\ (w-r)q + r\left(t + \int_t^q F(y)\,dy\right) & q \geq t \end{cases} \tag{1-9}$$

這種契約在季節性比較強的服裝行業應用相當廣泛。Taylor（2001）[65]研究了在價格保護機制（Price Protection）、中期反饋（Midlife Returns）以及期終回扣（End-of-Life Rebates）的三種策略在動態市場環境下對供應鏈的協調情況。其中，中期反饋表示：在商品銷售期內，回購部分沒售完的商品，並給予一定的回扣；期終回扣和中期反饋策略類似，只是在銷售週期結束後，才回購沒售完的商品。研究表明如果零售價格是一個常數，且回購參數設置得當，那麼中期反饋和期終回扣策略能夠保證供應鏈協調且獲得雙贏。Taylor（2002）[66]把這類契約進一步擴展，將其大致分為兩種方式：期終回扣（End-of-Life Rebates）和目標回扣（The Target Rebates）。研究表明當需求不隨零售商的銷售努力而變化時，適當的目標回扣可以實現協調，而期終回扣卻不行；而當需求隨著零售商的銷售努力而變化時，目標回扣與回購契約進行組合便可以實現供應鏈協調並達成雙贏。Krishnan、Kapuscinski（2004）[67]研究了類似契約並把這種契約稱作「低價定量供應（Markdown Allowance）」。在該契約中，零售商首先選擇訂單數量，當需求信號被觀察到後，再確定努力水平。研究表明：如果需求信號與訂貨數量強相關，則零售商不會那麼努力地擴大需求。

關於銷售回扣契約，可以在信息不對稱的情況下進一步展開研究。我們可以在零售商努力、銷售成本可觀測但不能被證實的情況下，借助於信號博弈的方法研究銷售回扣契約對供應鏈績效的影響。此外，在下游零售商資金有限的情況下，研究銷售回扣契約對供應鏈的協調情況也是一個有趣的研究方向。另外，比較分析銷售回扣契約、回購契約及收益共享契約之間的聯繫和區別，以及探討這三種契約適應於不同領域的根本原因也是一個值得考慮的問題。最後，可以考慮消費者在能預測供應鏈銷售情況前提下，研究零售商如何與消費者展開價格博弈，供應商又如何通過銷售回扣契約來最大化供應鏈的績效。當然在混合風險偏好下，研究銷售回扣契約對供應鏈績效的影響也是一個很好的方向。

1.2.7 數量折扣契約

數量折扣契約（The Quantity Discount Contract）中，供應商提供給零售商價格方面的優惠，商品的單價隨零售商的訂購量而變化。通常零售商的訂貨期越提前、訂購量越多、購買金額越大，商品的折扣就越大。供應商以這種方法來鼓勵零售商大量地提前購買，以此減少訂貨不確定性對自身造成的衝擊。在少數情況下，由於所供的貨物較少，商品需限額供應，此時可能會出現負的折扣。數量折扣契約在實踐中應用較為廣泛，但其理論研究則相對落後（Gerchak，2004）[56]。它的轉移支付函數可以表示為：

$$T(q)=w(q)q \tag{1-10}$$

從上式可以看出批發價是價格 q 的函數。Monahan (1984)[68]第一個從供應商的視角研究了最優折扣定價問題，為供應鏈管理的研究開創了一片新天地。Kim、Hwang (1989)[69]以提高供應商的利潤並降低零售商的成本為目標，研究了單供應商多零售商系統的數量折扣問題。Kohli、Park (1994)[70]以賣方為斯坦伯格博弈的領導者，對數量折扣的博弈模型進行了研究。Wang、Wu (2000)[71]研究了單供應商多零售商系統中，以賣方為領導者進行斯坦伯格博弈的模型；Chen、Federgruen (2001)[72]等在由多個異質零售商組成的單產品分銷系統中，給出了完美協調是渠道協調追求的目標；Hahn、Hwang (2004)[73]考察了易腐商品、零售商不退貨但供應商給予其批發價折扣的供應鏈協調問題。Papachristos、Skouri (2003)[74]研究了需求是價格遞減的凸函數、商品是時變變質的且變質服從韋伯分佈、允許缺貨但積壓的需求受等待耐心影響情形下的庫存模型。Corbett、Groote (2000)[75]考察了非對稱信息下的數量折扣策略，該策略在按需訂貨 (Lot-for-Lot) 假設下進行，研究者把該策略與完全信息下的策略進行對比，研究發現在完全信息下供應鏈可取得更好的績效。Burnetas、Gilbert (2004)[76]研究了非對稱信息下，供應商提供給零售商數量折扣以實現渠道協調時的定價問題，為經濟訂貨批量環境下的數量折扣定價和隨機需求環境下以數量折扣契約實現供應鏈協調架起了一座橋樑。Liu、Liu (2005)[77]將連續型數量折扣看做是離散型數量折扣的極限形式，研究了隨機需求下以數量折扣實現單零售商單供應商系統協調的問題，給出了其實現協調的必要條件，並證明了在斯坦伯格博弈下均衡解的唯一性。高峻峻、趙先德 (2002)[78]研究了在需求具有價格彈性的條件下，由單一買方和單一賣方組成的供應鏈契約中制定價格折扣的問題。研究表明，在供應鏈契約理論中可以用價格折扣協調買賣雙方的利益，因此，帕累托意義下的最優價格折扣問題可以轉化為求解供應商利潤最大化問題。趙晗萍、馮允成 (2005)[79]研究了由單個生產商和單個零售商組成的兩階段供應鏈模型，運用目標數量折扣契約來協調供應鏈，並分析了該契約對利潤分配的影響。張欽紅 (2007)[80]以持續變質的易腐物品為研究對象，分析了協調易腐品兩級供應鏈的最優數量折扣合同。給出了在零售商的庫存持有成本信息對稱及不對稱情形下，供應商的最優數量折扣合同。研究表明：信息對稱時數量折扣合同可以協調供應鏈，而信息不對稱時單一的數量折扣合同不能取得供應鏈的整體績效最優。

總的來說，數量折扣契約可以使供應商的庫存減少，同時又讓零售商獲得更低的批發價格，但是這會造成一些負面的影響：首先是價格折扣會使供應商的邊際利潤降低；其次，隨著批量訂貨的增加會造成零售商庫存的增加。面對這些矛盾，如何在不同的環境下，提出新的定價訂貨策略，使得供應鏈中各成員都能獲得滿意的收益是未來研究的核心問題。此外，在金融危機的大環境下，零售商和供應商都出現了資金相對短缺的現象，在這種情況下零售商是否願意採用原有的數量折扣契約，或是一種變形體，還需要進一步的實證研究。最後，在非對稱信息下，可以考慮能否把該契約和其他契約（比如銷售回扣契約、回購契約、收益共享契約等）結合起來，並進一步地研究新的聯合契約能否協調供應鏈。

1.2.8 期權契約

期權（Option）契約是在金融工程中用得比較普遍的衍生工具，隨著金融研究邊界的不斷拓展，期權的柔性也逐漸被其他學科的學者所接受，並被引入供應鏈管理。由於這種契約機制需要零售商提前購買一定數量產品的購買權，當完成對需求信息的觀測後，再部分或全部執行該期權，所以現實中這種協調機制常用於生產準備期較長的商品。如果供應鏈選擇期權契約，那麼在銷售季節來臨之前，首先，供應商發布其單位產品的批發價格 w、期權價格 w_0 和執行價格 w_e；接著，零售商在既能兼顧市場需求又能規避市場風險的指導原則下，採用與供應商簽訂固定批發價契約加期權契約的方式：一方面根據市場需求的預期，按批發價格確定其固定訂購量 Q，另一方面從供應商處購買一定的期權 M，以應對可能出現的額外需求。只有當銷售季節中出現額外需求時，零售商才會根據市場需求選擇執行期權。它的轉移支付函數可以表示為：

$$T(q) = wQ + w_o M + w_e[(D - Q)^+ - (D - Q - M)^+] \qquad (1\text{-}11)$$

其中，D 代表市場需求，$(D - Q)^+ = \max(D - Q,\ 0)$，上式的第三項，表示零售商在獲得較為準確的市場需求信號後，執行期權時對供應商的支付。

Barnes、Bassok（2002）[81]最早將期權引入供應鏈管理的研究，運用期權契約對需求具有相關性的兩階段供應鏈協調進行了研究。在第一階段，零售商向供應商訂購用於每個階段銷售的固定商品數量 Q_1 和 Q_2，並且同時購買可以用於第二階段追加訂貨量的期權 M，在第一階段銷售結束後，零售商根據對第二階段需求的預測，選擇全部或部分地執行期權。研究表明，他們所構建的模型具有一般性，可以將數量柔性契約納入統一的框架。Christopher（2004）[82]等把期權契約用到了銷售期短、易腐蝕的產品供應鏈中，評價了運用期權契約使零售商獲得期望利潤最大的最佳折扣價格。Mccardle（2004）[83]等考慮了使用期權契約的零售商之間存在競爭的情形。假設兩個零售商分成以下四種情形：兩個都使用期權契約；兩個都不使用；一個使用另一個不使用

(兩種)，得到了四種情況下有唯一納什均衡的條件。國內學者郭瓊、楊德禮(2005)[84]通過期權機制，建立了供應鏈中各獨立主體協作的決策模型，並發現期權機制下的供應鏈及其成員的收益要優於報童模型。供應商通過制定合理的契約價格和產品出清方式，可以將部分市場風險轉移給零售商，零售商也能通過期權而獲得額外的風險補償，從而使供應鏈協調，實現帕累托最優。郭瓊、楊德禮（2006）[85]通過期權機制，建立了在電子市場與傳統市場共存條件下，供應鏈中各企業的決策模型，並求得協調狀況下供應商的最優價格決策、產能決策和零售商的最優購買決策，並用數值實例對各決策模型中的影響因素進行了敏感性分析，並驗證了結論的有效性。胡本勇、王性玉（2008）[86]研究了需求不確定性大、生產提前期長、銷售季節短的供應鏈合作問題，建立了基於雙向期權的單期兩級供應鏈的數量柔性契約模型。研究表明：與單向期權相比，在雙向期權下銷售商的期權購買量有所減小，初始訂貨量有所增加，但總的預期訂貨量有所減小。此外在雙向期權契約下，一方面提高了零售商的採購柔性，降低了部分風險，但也減少了部分收益；另一方面增加了供應商的風險，但也獲得一定的收益補償，而且如果供應商有針對性地選擇零售商，降低執行期權的相關性，則可以降低甚至吸收轉移過來的風險。

關於期權契約在供應鏈中的應用，還有很多值得挖掘的地方。首先，期權契約來自於金融工程，那麼它對供應鏈的有效性還需要實證方面的研究。其次，由於執行期權契約涉及商品的二次訂購，因此能不能合理地運用組合契約來協調這種二次訂購模式下的供應鏈，值得進一步探討。此外，現有的期權契約基本是建立在供需雙方資金有保障的情況下，如果雙方的資金有限，能否引入第三方提供資金擔保，此時應該如何運用期權契約或者複合期權來協調供應鏈。最後，期權契約的柔性和數量折扣契約、回購契約、銷售回扣契約以及收益共享契約之間的柔性有什麼樣的區別和聯繫，以及在什麼樣的條件下選擇這些契約對供應鏈最有效，都需要進一步的研究。

1.2.9 信息共享契約

多個零售商在各自的櫃臺裡同時銷售多家品牌的商品，這使得零售商與供應商有可能進行非常緊密和豐富的信息共享活動。這種類型供應鏈的典型代表是：倉儲商店、大型百貨超市、便民店、銷售運動器材及消費電子類商品的專賣店和其上游組織等。在這樣的供應鏈中，由於存在著不同的信息結構和信息共享契約（The Information Sharing Contract），就有可能導致其市場參與者（包括他們的競爭者）之間的互動效應，從而影響每個成員的績效，尤其是在非專賣（Non-exclusive）的多零售商和多製造商的供應鏈中。

Chen（1998）[87]，Lee、Tang（2000）[88]，Aviv、Federgruen（1998）[89]等假定不存在水平層的橫向競爭和信息泄漏的條件下，研究信息共享對供應鏈績效的影響。即便是在一個供應商與多個零售商的模型裡也是假設每個零售商和每個市場需求是相互獨立的，而且零售商之間不存在競爭。研究表明：信息共享可以給供應鏈系統帶來好處。還有一些文獻探討了供應鏈上下游成員之間的競爭性行為，如 Corbett、Tang（2004）[90]等，他們的結論是：供應鏈成員之間的競爭會影響他們的績效，通過一定的信息協調可以實現系統優化。王子萍、黃培清（2006）[91]在博弈雙方均擁有私人信息的情形下，從全新的重複博弈角度入手，建立了基於信息期望收益的概念數量模型，並對供應鏈中成員雙方均具有私有信息的情況進行了詳細討論。給出了影響雙方進行策略選擇的驅動力以及相應的系統參數範圍，分析了共享信息作為均衡策略的可能性。唐宏祥、何建敏（2004）[92]針對供應鏈中廣泛存在的信息不對稱問題，運用信號博弈理論研究了供應商和零售商之間的共享需求信息的傳遞機制。得到了零售商通過採購價格向供應商傳遞真實市場需求信息的條件，結論顯示供應商和零售商之間信息共享的關鍵在於分離均衡的存在，分離均衡使得供應商能夠得到足夠的信息量去識別零售商市場預測信息的真實性。陳忠、艾興政（2008）[93]針對傳統的雙渠道治理中，由於信息共享的處理過於簡單而導致真實預測信息扭曲和隱藏的現象進行了研究，並應用貝葉斯推斷原理提出傳統渠道與電子渠道預測信息共享和基於電子渠道收益分享的合作機制，並探討了合作機制實施的條件和範圍。研究表明：在渠道預測能力較強，且零售商分享電子渠道單位收益比例保持在適當範圍時，製造商與零售商實施市場預測信息共享與電子渠道收益分享機制能夠實現帕累托績效的改進，從而實現雙贏，有利於機制的有效實施。

關於單個供應商與單個零售商在非對稱條件下的協調問題研究較多。如曉斌、劉魯（2004）[94]等針對一個由供應商和零售商組成的供應鏈，其成員之間的市場需求信息不對稱問題，建立了非對稱信息下批發價與訂貨量的斯坦伯格博弈模型，給出了零售商和供應商分別擁有需求信息下的博弈均衡，並用算例分析了非對稱信息對價格和訂貨量及利潤的影響，同時給出了信息不對稱下的供應鏈協調機制。Agrawal、Seshadri（2000）[95]針對這個問題研究了風險偏好對供應鏈績效的影響。他們指出零售商的風險厭惡性為上游成員提供了一種激勵，即風險仲裁服務。在該模型中，上游成員提供一份具有固定費用、批發價格、退貨比例以及每單位貨物溢價費的合約來處理需求超出零售商訂貨數量時的緊急情況。隨後，Plambeck、Zenios（2000）[96]提出了一個嵌入風險厭惡水平的委託代理模型。索寒生、儲洪勝（2004）[97]以一個兩階段的供應鏈為背景，針對供應鏈上決策激勵不一致和風險規避效應導致供應鏈低效的問題，研究了實踐中應用廣泛的利潤共享契約和批量折扣契約對供應鏈協調性的影響，證明了這兩種合同均能克服雙重邊際效應和風險規避效應，使得供應鏈協調，並指出在契約的實施上，利潤共享契約需強制執行，批量折扣契約自動執行。

信息共享契約是目前供應鏈契約研究中最為活躍的領域。一方面由於信息不對稱現象在供應鏈中極為普遍，例如牛鞭效應（Bull-whipeffect）和波及效應（Ripple Effect）都是目前研究熱點。其中，牛鞭效應也稱為信息扭曲（Information Distorion），是指供應鏈的下游上溯，商品定購量的波動幅度不斷加大，形似一條鞘細根粗的鞭子，即在供應鏈內，由零售商到批發商、製造商、供應商，定購量的波動幅度遞增，需求信息嚴重失真，給節點企業尤其是上游的供應商帶來巨大的風險。而波及效應是最近才受到關注的一個問題，它是指該產業鏈中的某條供應鏈上某個成員因某種行為的發生，導致某變量（如：價格、時間、需求）數量上的變動，而該變量的變動又會通過供應鏈成員之間、供應鏈與供應鏈之間的相互聯繫對整個產業鏈造成極大影響的一個動態變化過程。另一方面信息共享的處理方式多變，例如常用的信息系統涉及三種模式（陳劍、蔡連橋，2001）[98]，包括：第三方模式、信息傳遞模式、信息中心模式。目前的研究很少把契約選擇與信息系統處理方式結合起來，因此在未來如何把這二者有機地結合起來是一個很好的研究方向。此外，在金融危機的背景下，把資金流、信息流以及物流結合起來研究供應鏈的契約也是一個不錯的研究方向，因為過去對物流和信息流的研究相對較為深入，而對資金流的研究相對不足，所以把這三者結合起來一定有很多值得研究的問題。此外，由於近年來供應鏈應急事件發生較為頻繁，所以把供應鏈的風險傳導機制和信息披露方式結合起來考察供應鏈契約也是一個很好的研究方向。還有，把消費者的偏好與信息共享契約結合起來也是一個值得重點關注的問題，不過該問題的解可能比較複雜，有時甚至不能求得解析解，因此常常需要借助數值仿真。最後，把行為經濟學中的一些研究方法引入信息共享契約的研究，也是一個非常吸引人的課題。因為現實生活中策略選擇往往涉及互動問題，所以隨著供應鏈銷售策略的確定，會部分影響消費者的策略選擇，進而又影響供應鏈整體的收益，所以把信息共享契約和消費者的動態策略選擇結合起來就顯得很有意義。

1.2.10 其他契約

上述契約主要是按照契約的組成方式來分類的，還有很多契約因其研究目的不同或者是研究範圍的跨度較大而無法將其具體地歸為某一類中。例如：供應鏈的風險管理就屬於此類。Chen、Federgruen（2000）[99]利用均值方差模型重新審視了一些基本的庫存模型，發現具有風險規避特性的合作夥伴的最佳訂貨量往往會少於系統達到最優時所必需的訂購量。Gan（2003）[100]在構建的由風險中性的供應商與風險厭惡的零售商組成的供應鏈中，證明了傳統的批發價格契約、回購契約以及收益共享契約都不能協調這類具有風險規避特性的供應鏈。

此外，對不同結構特徵的供應鏈契約研究目前還主要集中在單週期、單供應商與零售商的情況。而在實踐中，供應鏈的結構要複雜得多。因此可以把供應鏈契約研究擴展到供應商與零售商之間一對多、多對一、多對多的情況，甚至是多週期、多產品、多層次的供應鏈網狀結構。

針對單供應商和多分銷商的供應鏈，Cachon、Larivere（1999）[101]發現當供應商具有數量約束時，會促使零售商擴大其訂貨量，從而加劇橫向競爭。Lippman、McCardle（1997）[102]建立了面對獨立隨機需求的分配模型。他們提出把需求作為一個單獨的隨機變量，然後在已經實現的需求基礎上採用一種分割原則來分配需求，最後，將零售商的超額需求再重新分配。黃祖慶、達慶利（2005）[103]研究了一個供應商和兩個零售商組成的單一產品的兩級供應鏈中，在產品價格固定、需求隨機的情況下，供應商的激勵機制設計和零售商的訂貨策略模型。研究表明，供應商在不採取激勵機制的情況下，零售商將採取已有的訂貨策略，即不投入努力；而當供應商採取激勵機制後，不僅將增加整個供應鏈的收益，且零售商的促銷努力與商品在整個供應鏈中的增值有關。王勇、陳俊芳（2005）[104]研究了存在單個供應商、多個有差異的伯川德競爭零售商時，供應商在不同情形下如何做出定價機制的選擇。研究表明：當零售商之間的需求差別比較大，且競爭激烈的情況下，供應商傾向採用非協調的次優關稅定價機制；而在需求差別不大時，不論競爭的激烈程度如何，供應商都傾向數量折扣關稅定價機制或完美協調關稅定價機制來協調供應鏈。田巍、張子剛（2005）[105]建立了市場需求對價格敏感，並在兩個相異的競爭零售商情形下，上游製造商通過創新投入降低運作成本的供應鏈博弈模型。研究發現上游製造商創新投入具有外部性，在製造商創新投入下，製造商和零售商的單位產品邊際利潤都得到了提高，並且零售商的競爭性越強，製造商的創新投入越大。研究表明在分散決策下，製造商的創新投入無法達到供應鏈整體最優，並提出了使供應鏈達到協調的基於數量折扣的混合契約，指出了該契約能為各方所接受的條件。

多對一的問題，也被稱為共同代理（Common Agency），是指多個委託人共同雇傭一個代理人的模式。Bembeim、Whinston（2005）[106]指出在該模式下代理人往往從事多任務的工作，所以又稱為多任務代理人（Multi-task Agent）。Martimort（1996）[107]比較了委託人獨家代理和共同代理模式的比較優勢，研究表明基於逆向選擇的嚴重性與任務之間的互補程度的不同組合，委託人將會選擇不同的代理關系。Bergemann、Valimaki（2003）[108]研究了對稱信息下的動態共同代理問題，通過馬爾可夫均衡的分析得出該博弈均衡支付唯一性條件。駱品亮（2006）[109]比較分析了共同代理和獨家代理兩種代理模式的激勵效率。通過兩個委託人面對同一個代理人的多任務代理模型分析與兩個委託人分別面對自己的代理人的單任務代理模型分析，研究了任務相關性對共同代理與獨家代理選擇的影響。研究表明相對容易完成的任務激勵效率較高，而對於相對難以完成的任務，委託人更偏向於選擇共同代理；此外，委託人對於相對容易完成的任務，其選擇代理模式取決於兩個任務的互補程度。

多供應商與多零售商供應鏈協調問題涉及供應鏈橫向競爭和渠道競爭等十分複雜的策略互動過程，所以涉及此類結構的文獻相對較少。Tsay、Agrawal（2001）[110]研究了渠道衝突和供應鏈協調，他首先假設在供應鏈中，上游供應商即作為下游零售的供應商，同時又作為競爭對手的「雙重」角色，然後研究了在企業中調節製造商與銷售商關系的方法。陳劍、張小洪（2003）[111]研究了雙渠道中多製造商供應鏈的設計問題，採用斯坦伯格對策方法建立了製造商之間的古諾競爭模型，並找到了製造商的最優生產策略。並得出以下結論：在製造商進行產量競爭的前提下，直銷渠道的存在仍然能增加傳統零售渠道的銷售量。

Tempelmeier（2002）[112]建立了多階段分配供應量的決策模型，並考慮了供應商的不同折扣水平對決策模型的影響。李建立、劉麗文（2005）[113]研究了一個多週期運行的一對多供應鏈系統，提出兩種基於價格折扣的供應鏈協調策略：數量協調與時間協調。研究表明，與傳統的分散決策系統相比，數量協調可以使供應鏈的整體績效得以改進，在此基礎上利用時間協調可以進一步改進績效。論文還分別給出了兩種協調機制的實現方法。劉開軍、張子剛（2006）[114]提出使用序貫信念修正方法來削弱供應鏈中的信息不對稱現象。假設零售商擁有關於市場需求的私有信息，供應商只能粗略瞭解零售商的最優決策方式，然後使用可以觀察結果的多階段 Bayes 博弈模型來描述供應商的運作過程，在各階段之間根據 Bayes 法則修正供應商的信念。研究表明序貫信念修正方法能夠使供應商的信息依概率收斂到零售商的私有信息，信息不對稱博弈也將依概率收斂到信息對稱博弈，並且收斂結果與初始信念無關。

Hochstdter (1973)[115]研究了多產品庫存模型的固定解問題。Sawik、Tadeusz (1977)[116]討論了多產品生產計劃的隨機控制問題。Erlebacher (2000)[117]提出了一種單約束下的多產品報童模型，並給出了一種啓發式算法。魯其輝、朱道立 (2005)[118]在有多產品競爭的市場中，通過引進產品特徵描述和消費者一般支出的概念，給出了一種市場份額的分析方法和市場份額的一些數學性質及經濟特點，然後通過報童模型，分析了多產品競爭環境中零售商的最優供貨決策問題，並給出了在產品的某些特徵描述改變的條件下，零售商最優供貨量、期望利潤和市場利潤總量的敏感性分析及其經濟含義解釋。蔣敏、孟志青 (2007)[119]提出並研究了供應鏈中單週期和多週期多產品組合採購與供應鏈 CVaR 模型，利用條件風險值理論將多產品通過向多個供應商採購來分散需求不確定性帶來的風險，以達到使損失最小的目的。

1.3 不確定性下的供應鏈應急管理綜述

由於供應鏈具有參與主體多、地域跨度大、交流環節多等特點，因此它的整體績效常受到參與主體與外部環境變化等多種因素的影響。尤其是因異常不確定性引發的供應鏈應急事件，由於此類事件具有發生概率低、難以預測的特點，所以如果事前沒有任何防範措施，它們一旦爆發，將會給企業造成較大甚至巨大的損失，影響供應鏈的整體績效，給供應鏈管理造成很大困難。供應鏈中企業間涉及物流、資金流、信息流等多種資源的流動，一旦發生應急事件，就會打亂鏈中原有的資源流動，使得上下游企業的貿易變得困難，企業既定的方針和策略難以實施，這會造成企業的預期與現實出現較為嚴重的偏離（Deviation）。在供應鏈應急管理中常用「擾動狀態」（Disruption Situation）這個術語來描述這種偏離狀態。如果偏離程度較小，由於供應鏈管理本身具有一定的魯棒性（Robustness），管理過程中的原有計劃可以不用修改，就能繼續執行；但是如果偏離程度很大，超過魯棒性的控制範圍，原有計劃在新環境下就必須進行重大修改，而這種修改需要企業付出高昂的代價。近年來應急事件的發生總數似乎有不斷上升的趨勢。因此如何預防應急事件的發生，讓企業和社會瞭解供應鏈應急事件的發生機理，從而提高他們預防和應對應急事件的能力，是一個很有意義的研究方向。

供應鏈應急管理是一門涉及供應鏈管理、契約經濟學、運籌管理、戰略管理、信息技術、複雜科學以及一些專門知識的交叉學科。儘管該理論從提出到現在只有短短的幾年時間，但是由於應急事件具有隨機性和不確定性，且其後果對於企業來說往往是災難性的，應急管理備受重視，人們對應急管理的研究也逐步深入，這促使供應鏈應急管理在近期得到了較快的發展。隨著人們對供應鏈應急事件的發生和演變規律進一步加深認識，相關的理論和預防措施還會進一步豐富。下面就目前的研究成果做一個綜述。

供應鏈應急管理的研究對象是指發生在供應鏈中的應急事件（也稱供應鏈中的突發事件）。根據計雷、池宏（2006）[120]對突發事件的定義，並結合供應鏈自身的特點，可以把供應鏈應急事件定義為：發生在供應鏈中，超出供應鏈企業認識、計劃、控制範圍的突發事件，是會引起供應鏈企業的資金流、物流、信息流週轉不靈，並最終損害供應鏈利益的那些事件。

供應鏈應急事件對供應鏈管理影響巨大，一旦爆發，如果不及時處理，將會嚴重影響公司的收益水平，在情況特別嚴重時有可能導致公司破產倒閉。例如：2001 年的「9・11」事件、2003 年的非典事件、2007 年的全球糧食和工業原材料價格集體上漲、2008 年的「5・12」汶川地震等。這些突發事件不僅給國家、社會造成重大損失，而且給相關節點的企業管理與供應鏈管理都提出了嚴峻的挑戰。

首先，以「9・11」事件為例。這是完全由人類一方對另一方發動的猝不及防的襲擊，儘管事後不斷有人宣稱可以從很多現象的蛛絲馬跡中找出襲擊的預兆，但是它的爆發仍然是一個沒能預知的事實。「9・11」事件使美國遭受到較重的直接經濟損失。地處紐約曼哈頓的世界貿易中心是 20 世紀 70 年代初建起來的摩天大樓，造價高達 11 億美元，是世界商業力量的會聚之地。五角大樓的修復工作至少在幾億美元之上，人才損失難以用數字估量。此外，美國「9・11」事件的經濟影響不僅局限於事件本身的直接損失，更重要的是影響了人們的投資和消費信心，使美元相對主流貨幣貶值，股市下跌，石油等戰略物資價格一度上漲，並即時從地域上波及歐洲及亞洲等主流金融市場，引起市場的過激反應，從而導致美國和世界其他國家經濟增長減慢。商品的庫存滯留時間變長，造成倉庫管理的成本激增（張存祿、黃培清，2007）[121]。

又如 2000 年 3 月美國新墨西哥州的雷電事件。強烈的雷電導致飛利浦公司 22 號芯片廠的車間發生一場火災，破壞了當時正在準備生產的數百萬個芯片。面對突如其來的變故，飛利浦需要花幾周才能使工廠恢復到正常生產水平。當時諾基亞和愛立信的移動電話都主要依靠菲利普公司為其提供芯片。面對這場災害，兩個公司採用了截然不同的兩種應對方法。諾基亞採用了積極的應對策略：一方面積極尋找其他的海外供應商，另一方面給菲利普公司施壓，讓其挖掘潛力優先為其提供芯片。而愛立信則採用相對消極的應對策略：對火災引發的損失估計不足，導致愛立信的一款重要手機推遲上市，其移動電話業務也因這次災害造成巨額虧損，公司的股價一落千丈，最後愛立信不得不退出手機市場。相反，諾基亞由於措施得當，在這場災難中反而因禍得福，市場份額也因對手的退出，而得到大幅度的提升（Latour，2001）[122]。從這些事件不難看出應急事件對供應鏈管理的衝擊有多大。

Clausen、Hansen（2001）[123]通過對飛機工業中災難事件的描述，提出了應急管理的概念，並指出有效的應急管理需要建立在對整個系統行之有效的監控之上。它應包括計劃、追蹤、控制等基本元素。

美國德州大學的於剛教授和他的合作者一直走在供應鏈應急管理的最前列。Thengvall、Yu（2000）[124]運用受限的網絡流模型來解決航班短缺問題，拉開了供應鏈應急管理的序幕。航空管理者運用該模型可以在應急情況下快速、高效地制定航班恢復計劃。該模型不僅能夠對延遲或取消的航班進行航線優化，而且還能結合具體的措施來處理航班與最初航線的偏離問題。此後，於剛與他的團隊又成功地開發了一些應急即時管理決策支持系統，如 OpsSovler 和 CrewSolver。這兩個系統幫助大陸航空公司成功解決了「9・11」事件的航班恢復問題，使公司在大災難面前損失降到最低。

Yang、Yu（2005）[125]研究了企業在遭受應急事件後，如何制定恢復生產計劃的問題。他們對應急管理提出了一些創新性觀點。他們認為：應急事件雖然和不確定性有必然的聯繫，但是在應急管理的研究中運用概率模型並不一定合適。最合適的應急管理方法必須具備這樣的特徵：實施這種方法後，能夠最小化應急事件所造成的衝擊。研究表明在成本函數的結構是凸的情況下，普通的應急問題可以通過求解成本擾動和需求擾動的應急問題而得到合理的解決。他們還對此類問題的解法進行了總結和拓展：①在制訂應急管理的生產計劃時，不僅要捕獲由於環境改變而引起的運作成本的改變，還要捕獲由應急事件導致的與原計劃產生偏差的成本的改變。②在成本是凸函數的情況下，證明了應急事件的複雜性，並用改進的貪婪算法對該問題進行了求解。③對運用貪婪算法進一步改進效率提出了一些建設性的想法。

Xia、Yang（2004）[126]研究了由單一供應商和零售商組成的兩階段生產、庫存系統的應急恢復問題。他們把在生產、庫存系統中常遇到的應急問題分成五類：①裝備成本的變動；②庫存持有成本的變動；③生產速率的改變；④生產成本的變動；⑤需求率的變動。他們還給出了這五種不同應急類型的解空間：①提前/延遲生產或定購計劃；②擴大/縮短生產週期；③取消/增加循環；④不能滿足用戶需求。文章結合不同的懲罰成本函數，討論了不同應急情況下最優解的性質。

Qi、Bard（2004）[127]研究了報童環境下的兩階段供應鏈中，當實際需求與生產計劃發生偏差時，供應鏈應急的協調問題。研究表明：對於很多短生命週期的商品銷售，完全的市場信息很難獲得。供應商常常是在明確需求信息前，就制定出了生產計劃。當供應商獲得確切的需求信息後，發現自己的生產計劃與實際需求出現偏差。此時如果供應商想要滿足市場需求，制訂新的生產計劃，就必然帶來額外的偏差費用。文中給出了供應鏈在考慮因需求擾動帶來偏差成本後，用批發價與數量折扣的聯合契約來協調供應鏈的條件；並提出了一些未來可以拓展的研究方向，如在多零售商、多銷售週期、耐用品以及偏離的成本函數是非線性的情況下進行供應鏈應急研究。

Xu、Qi（2003）[128]研究了市場需求與零售價格為非線性的情況下，需求發生擾動時，供應鏈如何用批發價數量折扣聯合契約來協調供應鏈。這種方法豐富了當需求發生擾動時，處理供應鏈應急的手段。他們還運用這種非線性的手段來描述應急情況有可能更接近現實。Xu、Gao（2005）[129]也對需求發生擾動下的供應鏈協調問題進行了研究。不過他們假設需求與價格為線性關系，但生產成本是產量的凸函數。研究表明：供應商在瞭解到實際的需求信息後，可以通過實際的需求變化方式來設定批發價以此來協調供應鏈，並在新的環境下獲得最優的定購量和零售價格。

Abboud（2001）[130]研究了機器故障時間與修復時間呈隨機分佈的情況下，供應鏈的協調問題。研究表明：通過把時間適當地離散化，然後利用馬爾可夫鏈理論能夠有效地推算出生產庫存系統的平均成本，再利用估算結果就能推導出供應鏈的最優產量。隨後，通過數值仿真的方法，把時間為離散情況下的結果與連續下的結果進行了比較，並指出未來可以通過放松假設條件，擴展馬爾可夫鏈的狀態空間，對機器修復問題做進一步研究。

Qi、Bard（2006）[131]基於最短處理時間優先法則（Shortest Processing Time，SPT），對機器故障的修復問題做了研究；並針對單機或並行機出現故障的情況下，詳細討論了不同偏離成本、目標函數對修復策略的影響。研究表明：採用 SPT 法則對於大多數機器故障的修復問題都可以獲得最優計劃。

Yu、Sun（2007）[132]運用仿真方法針對下面三個問題，展開供應鏈應急管理研究：①應急事件是怎樣影響供應鏈的；②應急事件會對供應鏈造成多大的衝擊；③不同的應急事件對供應鏈造成怎樣不同的影響。文中通過含有不同隨機變量的兩個擾動函數來代表供應鏈的應急事件。研究表明：如果應急事件導致供應鏈的不確定性增加，那麼供應鏈的損失必然加重，並且原有的協調狀態將被打破。如果應急事件導致不確定性降低，此時供應鏈也不能從應急事件中獲得什麼收益。

Hendricks（2009）[133]運用實證的方法研究了運作冗餘、業務多元化、地理多元化和垂直關聯如何通過股票市場反應供應鏈應急影響。研究表明：供應鏈的運作越松散，那麼應急事件在股票上的負面反應越小；業務上的多元化，與遭受應急事件的供應鏈在股票上的反應之間沒有顯著關系；地理越多元化，那麼應急事件在股票上的負面反應越明顯；此外供應鏈企業的垂直化關聯程度越高，那麼應急事件在股票上的負面反應越小。

國內學者也對供應鏈應急管理做了一些研究。於輝、陳劍（2005）[134]研究了兩節點的簡單供應鏈中，在需求發生擾動的情況下，供應鏈如何運用數量折扣契約協調突發事件。於輝、陳劍（2005）[50]研究了需求發生擾動時，供應商使用回購契約來協調供應鏈的問題。研究表明：當需求變化已經大到能改變供應鏈的最優定購量時，原有的回購契約已經不是最優，只有實施改進的回購契約才能協調供應鏈。於輝、陳劍（2006）[135]研究了在需求發生擾動的情況下，運用改進的批發價契約協調供應鏈突發事件所應滿足的條件，並利用相關結論，很好地解釋了市場經濟規模隨批發價格的變化關系。

上面的研究基本都是針對報童模型的兩級供應鏈，即所謂的「一對一」。下面部分的研究對兩級供應鏈的結構進行了拓展，即在「一對二或一對多」的情況下來研究供應鏈應急問題。Xiao、Yu（2005）[136]研究了由一個供應商與兩個零售商組成的供應鏈，並探討了零售商之間存在促銷競爭，且需求有可能出現擾動情況下，供應鏈的協調問題。研究表明在信息對稱的情況下，決策者合理運用價格促銷補貼策略能夠協調需求發生擾動的供應鏈。並且通過調整批發價格和補貼率，能使供應鏈的利潤在供應商和兩個零售商之間任意劃分。接著，Xiao、Qi（2008）[137]對一個供應商和兩個競爭零售商的供應鏈進行了擴展研究，不過他們是在假設供應商的生產成本與市場需求同時存在擾動的情況下，來討論全單位型數量折扣契約和增量型數量折扣契約對供應鏈的協調情況。研究表明：對於全單位型數量折扣契約，如果零售商之間的成本差價明顯，那麼該契約在應急情況下不能協調供應鏈。此外，如果兩個零售商的情況一樣，供應鏈能夠達到協調，且在全單位數量折扣契約和增量折扣契約下有相同的批發價。Xiao、Yu（2006）[138]研究了在需求或原材料市場發生擾動時，供應鏈中雙渠道間接演化的博弈問題。研究表明：在一個供應商和多個零售商組成的渠道中，零售商收益最大化策略可能演化為最終的穩定策略。此外，收益最大化策略和利潤最大化策略也可能在演化競爭中共存。同時研究發現在擾動情況下，採用穩定進化策略的零售商與最優生產策略的供應商都會受到影響。文章最後還專門針對不同的擾動情況，分別探討了供應鏈的修復策略。

胡勁松、王虹（2007）[139]對兩級供應鏈進行擴展，研究了由一個供應商、製造商和零售商組成的三級供應鏈中，在需求發生擾動的情況下，供應鏈的協調問題。研究表明：在需求發生微小擾動時，由於契約具有一定的魯棒性，供應商不需要改變生產計劃就能協調新情況；而在需求擾動致使市場規模發生明顯改變時，原有的協調將被打破，但是通過調整價格折扣契約能夠在新環境下達到協調。

此外，在大量的實踐中，人們還發現有時候供應鏈中可能存在多個擾動因素同時發生，或者兩個擾動之間存在著重疊的情形。雷東、高成修（2006）[140]研究了簡單的報童供應鏈中，當市場需求為商品零售價格的線性函數情況下，如果市場需求和供應商的生產成本同時發生擾動，供應鏈的協調問題。研究表明：如果兩個擾動同時發生，供應鏈的原有策略已不能協調，但是調整之後的數量折扣契約能夠協調新情況下的供應鏈。

此外，許明輝（2005）[141]對需求擾動和生產成本擾動的應急事件進行了較為詳細的討論。研究表明：無論是哪種擾動發生，都會引起生產計劃的改變，而新的生產計劃一旦考慮了這種變化，就會引起一些額外的費用，在制定新計劃時必須將這些偏差費用考慮進去。因此，在構建應急管理的目標函數時，要包含這種偏離成本而產生的懲罰項。研究表明：在應急情況下，供應鏈採用改進的批發價數量折扣契約或能力約束線性定價契約都能協調供應鏈。

馮花平（2008）[142]在多擾動因素下，研究供應鏈應急管理的協調問題。研究表明：市場規模、價格敏感系數以及銷售成本同時發生擾動時，原有的協調被打破，供應鏈通過新的數量折扣契約來協調應急情況下的供應鏈。

總體來說，在這個信息快速多變的時代，到處充斥著不確定因素，供應鏈在運作過程中常常會遇到各種各樣的突發事件。從目前供應鏈應急管理的研究成果來看，大多數文獻都是針對擾動發生後系統的修復問題。此類問題主要通過調整契約以適應新情況下的供應鏈。問題求解的關鍵是在成本最小化的前提下，把新計劃造成的偏差成本納入新的目標函數和約束條件中，通過調整契約參數、決策變量以獲得應急情況下的最優解。

相對於契約，供應鏈的應急機理、應急體系建設以及分類分級管理研究都處於較為滯後的狀態。由於應急事件的種類不同，它的應急機理也就不盡相同，而應急機理的研究是開展供應鏈後續研究的基礎，所以很有必要加強供應鏈的應急機理研究。另外在應急體系的建設中，預案研究是必不可少的一環。而對於應急預案的研究還有很多地方值得挖掘：比如風險源的識別以及風險在供應鏈中的傳遞方式；應急專家知識系統的建設問題；應急信息的發布和評估渠道建設問題；應急方案的實施、事後處理及其評估都值得進一步研究。

如何把消費者行為與供應鏈應急結合起來，也是應急管理中一個比較引人注目的方向。由於供應鏈中應急事件發生突然，難以預測，在發生時人們常常措手不及，因此在應急事件發生的過程中，常常伴有消費者異常的消費行為，如「三鹿奶粉事件」導致消費者抵制消費國內奶粉，又如「非典事件」，導致消費者哄搶板藍根制劑，造成相關藥品千金難求。這種異常舉動嚴重影響供應鏈的整體運作。因此在應急條件下，把行為經濟中的相關理論用於研究消費者，乃至整個供應鏈的運作也是一個很好的方向。此外，雖然應急情況下的契約研究相對較多，但是基本都是在假設需求和成本發生擾動情況下展開的研究，沒有考慮資金流受限的情況，而在金融危機的大環境下，資金流受限很可能是一種普遍現象。因此在資金流有限的情況下，進行供應鏈應急研究很可能得到一些有意義的結論。

1.4　不確定性下的供應鏈夥伴關係綜述

隨著經濟全球化步伐不斷加速，企業的外部環境與過去相比，發生了很大的變化。顧客的需求越來越個性化，供應鏈面臨的競爭對手也越來越多，更多的商品表現出易逝品特徵，供應鏈應急事件的爆發頻率也越來越高。總之，市場的不確定性正在逐步加劇。供應鏈要想在這場殘酷的競爭中獲得勝利，除了通過提高產品的質量和服務，來提升鏈中各企業的核心競爭力外，還需各企業加強合作，努力降低不確定性給供應鏈帶來的負面影響。上世紀九十年代，一些亞洲供應鏈企業的成功經驗，就提供了很好的例證。Maloni、Benton (1997)[143]研究表明這些供應鏈企業之所以成功，是因為它們從過去競爭、對抗的關系轉變成一種新型的供應鏈夥伴關系，有時也被稱為戰略聯盟(Strategic Alliance)。在這種新型關系下，供應鏈企業專注於增強自身的核心競爭力，而將非核心業務戰略外包，通過與外包企業強強聯手，建立一種新型的合作夥伴關系以確保經營目標的順利實現。這種合作夥伴關系既不同於傳統的採購商/供應商關系，也不同於垂直一體化所導致的上下級關系。供應商、製造商與分銷商等企業在信任、合作的基礎上，打破傳統企業的邊界劃分，通過借用彼此的核心能力，減少投資上的重複和浪費，從而提高渠道成員的資金和運作效率，減少供應鏈的庫存，增強成員間的信息共享程度，最終達到提升供應鏈的整體競爭力。

關於供應鏈夥伴關係的研究，實證是常用的手段。Wilson（1983）[144]通過對一百多家英國公司進行調研發現，零售商為了削減搜尋、管理、維護供應商的成本，通常希望把供應商的個數縮減到一定範圍，同時盡量與這些供應商維持一種長期的合作關係。Jeffrey（1996）[145]對汽車工業中，公司間專有資產投資與汽車性能之間的關係進行了實證研究。研究表明：汽車供應商在專有資產方面的投資與汽車性能正相關；公司的專有人力資本的投資與汽車質量、新車開發週期正相關；此外，生產場所的專有資產投資與減少庫存成本正相關。研究還發現夥伴間加強專有資產投資能夠維持投資者的競爭優勢。Maloni、Benton（2000）[146]對過去十多年汽車行業的回顧表明：有效的供應鏈夥伴關系管理能夠消除渠道成員的短視行為，從而顯著地提升供應鏈的整體競爭力。同時，良好的夥伴關系能夠從以下幾個方面減少夥伴的成本和不確定性：①減少零售商在原材料成本、定購數量、訂貨提前期方面的不確定性；②減少供應商在市場、產品規格以及客戶需求方面的不確定性；③可以同時減少供應商與零售商的機會主義行為。此外，良好的夥伴關系還能減少管理成本，整合技術與處理流程，改善供應鏈的績效。

Marcia（1999）[147]研究了快速回應計劃對供應鏈聯盟的影響。該計劃是澳大利亞政府為了提升本國紡織行業在全球的競爭力而推行的。它的目的是希望通過供應鏈成員間的積極回應，從而縮短產品從生產到交付的時間週期。研究表明：由於該計劃的順利實施，供應鏈成員間建立了良好的夥伴關系。這使得行業收入從 110 萬澳元增加到 210 萬澳元，按單定購的比例從 53%增加到 92.6%，庫存週轉時間從每年的 8%增加到 16%，而產品被拒絕接收的概率從 2.5%下降到 2.1%。這些實證進一步表明，加強供應鏈夥伴關系的建設，能在一定條件下，使產品上市的週期縮短、生產成本降低、企業利潤增加、客戶的滿意度增加。夥伴之間通過信息共享、分擔風險、利潤共享等具體操作形式，能使成員間分享更多的資源，並促使成員間形成一種長期的承諾，從而有利於保證契約在企業中的執行力度。這充分體現了供應鏈節點企業間合作共贏的理念。

Pansiri（2008）[148]對旅遊行業中影響聯盟績效的夥伴特徵進行了實證研究。研究表明：承諾和能力與聯盟的績效正相關；夥伴間的兼容性與聯盟成員中的高管滿意度正相關；決策控制力、信任感也與聯盟運作性能正相關。同時研究也指出由於大多數旅遊公司規模都不大，所以它們缺乏足夠的資源參與市場競爭和市場擴張。為了克服這些不足，這些小企業需要整合力量，因而建立合作夥伴關系的戰略聯盟是一個好選擇。

Holmberg（2009）[149]針對戰略聯盟如何選擇合作夥伴進行了研究，並在文中給出了選擇合作夥伴的關鍵步驟：①羅列戰略聯盟的目標；②形成一套評估關鍵成功因素的指標；③把目前的價值網與潛在的價值網進行匹配；④用動態夥伴選擇工具對目標進行分析。最後，用聯盟資源較為豐富的旅遊行業做了相應的例證。研究表明：運作成功的聯盟不僅在合作企業的資源和能力上具有高度一致性，而且在某些組織屬性上也具有很高的一致性。管理者通過選用恰當的合作夥伴選擇工具，有助於他們從多維度來理解聯盟的運作策略。

在夥伴選擇中，利用各種數學工具進行評估也是常見的方法。例如在供應商的選擇中，由於供應商在交貨時間、產品質量、訂貨提前期、庫存水平、價格折扣、產品設計等方面都對下游的製造商產生影響，所以供應商的選擇是一個多目標、多層次的問題。常用的選擇方法主要包括：多目標規劃、線性規劃法、混合整數規劃、成本法、非線性規劃法、模糊規劃法，及各種智能方法等。

Gaballa（1974）[150]首次把混合整數規劃法用於供應商的選擇問題。由於一些大公司每年都會花費大量的資金訂購商品，所以他們經常都會面臨如何把有限的資金合理地競標。針對這個問題，以採購成本最小化為目標函數，以生產能力、折扣範圍為約束條件，建立了混合整數規劃模型，並討論了數量折扣與價格折扣問題。

Chaudhry、Forst（1983）[151]研究了多資源網絡下供應商的選擇問題。並在選擇過程考慮了供應商和買主兩方面的影響。對供應商來說，他在組織生產和價格折扣方面有一定要求；對買主來說，他會對價格、交付時間以及產品質量有一定要求。綜合兩方面的因素，建立了以採購成本最小化為目標，產品質量和交貨期為約束條件的混合整數規劃模型。並對全額數量折扣、超額數量折扣、總量數量折扣、增量數量折扣進行了討論。

此外，在供應商的選擇過程中，由於目標的不同常常會導致衝突。為瞭解決這個問題，又引入多目標規劃模型以協調供應商選擇過程中出現的目標衝突問題。Weber、Current（1993）[152]以供應商能力、市場需求、政策、資金、供應商數量作為約束條件，建立了商品的價格、質量、交貨期的多目標函數，並在該模型下討論了供應商的選擇問題。Ghodsypour（2001）[153]在多資源情況下，研究了供應商的選擇問題。在供應商產量和買者預算受限的情況下，建立了關於價格、總成本（包括：存儲、定購、交易成本）的多目標模型。研究表明：該模型具有很強的適應性，在單資源、多資源，以及有無約束條件下都可以計算出經濟採購量。能夠為管理者的購買行為提供靈活的策略支持。

隨著研究的深入，需要考慮的因素也越來越多，這使得模型求解析解變得非常困難，所以人們開始嘗試用各種非解析的方法來解決供應商的選擇問題。其中，數值仿真和智能方法是很有發展潛力的兩種方法。因為仿真可以通過一些數學軟件對模型求解問題，所以在建立仿真模型時，可以考慮各種複雜因素。因此這種方法比較適於供應商的選擇。Albino、Garavelli（1998）[154]提出基於神經網絡的決策支持系統。Weber、Desai（1996）[155]等提出用數據包絡分析法來評價供應商的選擇問題。這些方法相對於前面的數學規劃法來說，對數據的要求降低了，因而可操作性也就增加了。隨著人工智能技術的進一步成熟，以及規則推理、案例推理、統計學習理論的進一步完善，該方法必有進一步發展的空間。

Sung、Krishnan（2008）[156]把層次分析法（Analytic Hierarchy Process）、數據包絡分析法（Data Envelopment Analysis）、神經網絡法（Neural Network）結合起來，研究了如何在競爭性環境下進行供應商選擇的問題。研究表明在不同的決策情形下，供應商的選擇方法可以靈活選擇，而且把不同的算法結合起來評估供應商的選擇問題，是一個行之有效的方法。算法的好壞與目標域的確定有一定關系。

在供應鏈夥伴關系的研究中，影響供應鏈夥伴關系的關鍵因素也是一個研究熱點。一般來說，共同的企業目標、公平的利益分配機制、專有資產投資、信任、交叉持股、新產品聯合開發、信息共享等是常見的影響因素。

Fynes、Burca（2008）[157]通過供應鏈夥伴關系特徵模型，研究了夥伴關系的質量對供應鏈性能的影響。研究表明：供應鏈中夥伴的質量與供應鏈的性能正相關；如果夥伴關系建立的時間越長，則供應鏈的夥伴關系質量對性能影響也就越強。此外，維護夥伴關系要求供應商、零售商經常進行交流與協調。這也暗示：夥伴關系的建立是一個長期的工程，企業應該把構建有效率的夥伴關系看做一種投資，而不僅僅看做一種花費。Glauco、Tekaya（2009）[158]用層次迴歸法分析了專有資產對夥伴關系的影響，並用相應的分解框架分析了不同的專有資產投資對供應鏈夥伴的影響。Danny、Priscila（2009）[159]研究了下游信息對供應商與買者協作關系的影響。這裡的下游信息，是指從市場渠道獲取的信息，它包括批發價格、零售商的分佈信息等。研究表明：協調的夥伴關系與供應商和零售商的信息交流有關。

國內的學者也對供應鏈的夥伴關系進行了大量的研究。葉飛（2003）[160]把服務代理商概念引入虛擬企業，並根據夥伴和核心企業的緊密程度，對合作夥伴進行了重新定義與分類。通過分析傳統虛擬夥伴的優缺點，提出了新的虛擬夥伴選擇評價標準和夥伴選擇框架。該框架包括了三個階段：首先是市場機遇實現模式選擇，接著是給定各類合作夥伴的評價指標；最後是合作夥伴的綜合評價過程。

陶青、仲偉俊（2002）[161]利用交易成本經濟學中的相關概念，在信任與機會主義並存的情況下，研究了合作夥伴關系中雙方資源投入程度對其收益的影響，並建立了合作夥伴的兩階段動態模型，分析了各階段的資源投入對夥伴關系的影響。研究表明：企業為了使其收益最大化，應選擇合適的資源投入範圍。

聶茂林（2006）[162]針對傳統的常權綜合法在評價供應鏈合作夥伴時，存在以下兩方面問題進行了研究：①常權綜合法難以體現企業在特定環境下對某些重要決策因素在均衡性方面的要求；②常權綜合法在實施上也存在著一些缺陷，即在某些情形下違背了各影響因素間不能相互替代的原則。聶茂林提出了基於可拓理論與變權理論相結合的層次變權優度評價法，通過實例的對比研究表明：層次變權優度評價法不僅能克服傳統常權綜合法的缺陷，而且在使用上更為靈活、有效。

李輝（2008）[163]綜合國內外多篇文獻，從供應鏈夥伴關系的基本理論、夥伴關系的管理現狀、夥伴的組成問題、夥伴關系的維護問題、夥伴的信任問題等五個方面，對供應鏈夥伴關系的管理做了很好的綜述。研究表明：夥伴關系維護研究還有待加強，此外把供應鏈夥伴關系與信任管理、智能推理以及仿真技術相結合方面做得不夠，它們都是未來很好的研究方向。

總的來說供應鏈的夥伴關系研究還有待進一步加強，特別以信任為基礎的供應鏈夥伴關系研究值得繼續深入。因為目前信任和供應鏈夥伴關系研究處於相對獨立的狀態，交叉研究比較少。而信任又是一個多維決策問題，不同的維度對供應鏈的影響有所差異。例如從風險承擔的角度考察信任，是指願意承擔對方行為帶來的不確定性；而從義務履行的角度來說，信任是指雙方信任對方會有效履行承諾。因此從不同的信任維度來研究供應鏈夥伴關系是一個很有意義的方向。此外，把公平性和供應鏈夥伴關系結合起來也值得研究。因為公平是雙方建立夥伴關系的基礎，供應鏈企業只有在目標一致，且分配公平下才能建立牢固的聯盟，從而降低外界和系統內部的不確定性，使雙方的合約能夠順利實施。還有，把供應鏈夥伴關系的研究與人工智能以及仿真技術結合起來也是一個不錯的選擇。因為通過引入智能推理和仿真技術，能夠降低決策者對數據的要求，在不能得到解析解的情況下，也能順利得到想要的數值解。因此在新政策實施之前，可以通過仿真評估其未來效率，這一方面為企業節約了成本，為改善供應鏈的績效發揮了重要作用；另一方面，仿真技術為描繪相互依賴的組織之間的複雜關系提供了實踐基礎。再有，從目前的研究現狀來看，供應鏈夥伴關系的實證研究較多，理論研究較少。因此借用別的分支或學科的工具加強供應鏈夥伴管理的理論研究值得注意。最後，從風險控制的角度來研究供應鏈的夥伴關系也值得嘗試，因為供應鏈的風險不僅受社會和企業物流環境的影響，也受到供應市場和產品銷售市場的影響，還受到政治經濟環境以及自然災害的影響。由於影響因素眾多，所以這方面的研究存在很大的拓展空間。

1.5 問題提出

供應鏈管理的本質就是合作與協調，但是由於供應鏈中的企業合作會因信息不對稱、信息扭曲以及市場、政治、經濟、法律等因素的變化而產生許多不確定性因素。這些不確定性因素對供應鏈企業所造成的影響是不一樣的，其處理方式也有很大不同。所以本書按不確定性可預測、與負面影響來劃分。對於那些可以預測的常規性不確定性，可以通過選用適當的契約來協調供應鏈。而對於那些難以預測的異常性不確定性，我們希望通過預案管理來減小異常不確定性帶來的負面影響。不過不管是契約還是預案管理，都是一種外部措施。為了增強供應鏈抵禦風險的能力，還需要從供應鏈的內部著手，通過在夥伴間建立良好的關系，來減小不確定性的負面影響。根據前面對供應鏈協調、應急、夥伴關系的研究現狀分析，發現這些研究中主要存在以下幾個方面的問題：

①在常規性不確定性下，採用契約機制來協調供應鏈是最為常用的方法。特別是在單產品、單週期的研究中，基於報童模型的供應鏈契約研究最為常見。在這眾多的契約中，回購契約因結構簡單、可操作性強，而備受關注。通常來說，供應商希望通過回購契約來補償零售商在季末沒有售完的產品，以此促使他們銷售季節前多訂貨。Pasternack（1985）[41]在報童模型的基礎上，分析了供應鏈協調的回購策略，並根據退貨數量和退貨價格對契約進行分類和討論。國內的學者賈濤、徐渝等（2006）[49]研究了在有存貨促銷條件下如何用回購契約來協調供應鏈。但是這些文獻大多忽略了一個重要的問題，那就是批

發價的議定過程。而在實際的交易活動中，這個過程非常常見。因為眾所周知，供應鏈中的議價過程，主要是指供應商與零售商商榷批發價的過程，以此確定他們對商品利潤劃分的基調，而回購參數主要用來降低零售商的或有損失或風險，該參數只對利潤劃分起微調作用。以往的文獻很少把議價過程與供應鏈回購契約結合起來討論。

②現有文獻對單產品供應鏈研究較多，而對多產品情形研究較少。事實上，在今天的市場上，我們隨處都能發現銷售多產品的供應鏈。特別是手機市場最為明顯，手機銷售商通常以銷售多產品為主，但是不同的手機公司在銷售手段、方法上又存在很大區別。一般來說，小公司常以低價商品為其競爭砝碼，他們希望通過低廉的價格來擴大客戶的需求，所以電視直銷和降價促銷是其最為常用的營銷手段。而大公司則偏愛一種間接廣告方式。他們通常以銷售系列產品為主，而廣告等對外宣傳往往集中在高端產品，通過不斷推出新的高端產品，強調其強大的功能、個性化的管理及其完善的售後服務等，來擴大市場影響，樹立品牌效應。這些廣告從表面上看並沒有直接宣傳低端產品，但是通過實地調查和訪談知道，採用這種模式的公司大多還是依靠中低端的產品來盈利。如何透過這種廣告現象，來理解大公司成功推出高端產品後，究竟會對低端市場產生什麼樣的影響，供應鏈又該如何運用契約進行協調是一個有趣的研究課題。

③雖然異常不確定性是導致供應鏈發生應急事件的重要因素，但有效的應急管理能幫助抗擊應急事件給供應鏈帶來的損害。目前學術界對供應鏈應急管理還沒有一個普遍認同的涵義，但已有不少研究者開始進行相關研究。如奧斯汀分校的於剛教授等在應急管理的前沿，做了許多開創性的工作，他不僅把「擾動」理論成功引入供應鏈應急管理，而且開發的應急管理決策支持系統 OpsSovler 和 CrewSolver 幫助大陸航空公司成功應對「9・11」事件，為公司挽回了數千萬美元的損失。此外，國內的於輝、許明輝、陳劍等也在應急管理的研究中做了大量的工作。不過通過供應鏈應急管理文獻綜述的回顧，不難發現已有的文獻基本上都是針對突發事件發生後，供應鏈應該採取何種策略來消除事後的不利影響而展開的，但它們沒有探討供應鏈應急事件的發生機理，也就是突發事件發生、發展、衍生及其擴散的規律。因此如何從源頭上認清供應鏈應急事件發生的一般規律，是供應鏈應急管理中一個亟待解決的問題。

④在供應鏈應急管理的研究中，關於供應鏈應急預案的研究非常少。直到最近於輝、陳劍（2007）[164]開始嘗試用局內決策的方法構建供應鏈的應急預案，開創了供應鏈應急預案管理的先河，並通過引入「競爭比」來刻畫預案

的有效性。這是目前為數不多的關於供應鏈應急預案管理的文獻。由於供應鏈應急預案管理是一門涉及預案管理與供應鏈應急的交叉學科，它的涉及面比較寬，加之研究工作開展較晚，所以整個供應鏈的應急預案研究還處於起步階段。現有的文獻對供應鏈在應急事件中遭受損失的定量研究還很匱乏。這主要源於兩個方面的原因。從主觀上來說：對供應鏈應急的本質和規律認識還不夠深入；從客觀上來說：由於供應鏈是以核心企業為中心，通過信息、資金、物流協調運作，而把鏈中獨立企業連成一個整體的聯盟，因而供應鏈中個體企業之間相互影響較大。由此導致了供應鏈的應急管理具有一定的特殊性。如想簡單地照搬個體企業評估損失的方法就很難得到滿意的結果。加之個體的消費行為在供應鏈應急期間與平時相比也發生了很大的變化，所以如果不考慮這些因素，就難以刻畫供應鏈的應急損失。因此很有必要在應急條件下，結合消費者行為的變化，來尋求新的評估供應鏈應急損失的方法，從而制定出滿足應急特徵的、具有動態管理特性的供應鏈應急預案。

⑤如何應對不確定性，把它對供應鏈的負面影響降到最低，一直是業界和學術界思考的問題。契約機制和預案管理通過借助某種外部手段，有效幫助供應鏈應對不確定性帶來的負面影響，但是能不能從供應鏈的內部著手，通過加強聯盟的夥伴關系建設，以此增強聯盟抵禦風險的能力。通常來說，加強供應鏈夥伴關系的建設被認為是一個行之有效的方法。因為良好的夥伴關系，不僅為供應鏈盈利創造了條件，而且也為企業間順利實施各種契約和協議提供了保證，此外良好的夥伴關系有助於減少道德風險和逆向選擇的發生。從前面關於供應鏈夥伴關系的綜述可以看出，學者們在供應商的選擇以及影響供應鏈夥伴關系的關鍵因素上做了很多工作。但是很少有人，從時間演化和資產專有性的角度來分析供應鏈夥伴關系對整體績效的影響，進而研究夥伴關系與契約執行力之間的關系。因此這方面的問題目前尚待解決。

因此，基於上述問題，本書在不確定性條件下，展開對供應鏈的契約協調機制、應急管理的研究，並討論了夥伴關系建設與增強供應鏈抵禦風險能力的關系。希望通過這幾方面的研究，能讓供應鏈企業充分認識不確定性對聯盟營運和生存所造成的巨大影響，並進一步為企業管理者在不同的情形下做出正確決策提供幫助。

1.6 研究內容

本書基於常規不確定性與異常不確定性的劃分，展開相關研究。重點討論了供應鏈契約協調機制、應急發生機理以及應急預案研究，並從資產專有性的角度探討了供應鏈夥伴關系的建設問題，最後從夥伴關系建設與減少內部風險入手，探討了加強夥伴關系對供應鏈契約以及各種管理措施的執行力度影響問題。研究內容包括了單產品供應鏈與多產品供應鏈模型，研究方法主要包括：契約理論、博弈論、非線性動力學。本書後續章節的安排如下：

第二章考慮常規不確定性下，一個由單一供應商和零售商組成的二級供應鏈。他們共同面對隨機的市場需求。供應商向零售商提供單一的易逝性商品，且雙方對商品的市場估價存在著不對稱現象。這種不對稱可能是由於供應商和零售商對產品的市場前景以及銷售狀況的估計存在偏差而造成的。在銷售季節到來之前，雙方首先需要通過雙向拍賣的議價方式來確定新銷售季節的批發價格；接著確定供應鏈的最優訂貨量與回購系數，以使供應鏈協調；最後用比較靜態分析的方法分析參數對契約的影響，以及相關的經濟意義。該部分的研究主要是對報童問題進行了一定的拓展，並運用靜態貝葉斯博弈的方法刻畫了供應鏈中供應商與零售商的批發價格議定過程。

第三章考慮一個由單一供應商和零售商組成的二級供應鏈，他們共同面對隨機的市場需求。不過此時供應商向零售商提供兩種商品。該部分的研究對象來自於某品牌手機銷售商，研究目的是想瞭解當供應商採用間接廣告的方式（即通過推出高端產品來刺激低端產品市場）時，他們如何確定新產品的最優成本。並在最優成本基礎上建立了非對稱信息下多產品的批發價與訂貨量的 Stackelberg 博弈模型，給出了供應商和零售商在集中決策和分散決策下的博弈均衡，同時建立了線性價格折扣共享契約（Price-Discount Sharing）來協調該供應鏈。

第四章是供應鏈應急事件的機理研究。供應鏈應急事件就是發生在供應鏈中的突發事件。由於近幾年來，供應鏈突發事件頻繁發生，給國家和人民造成極大的損害，所以供應鏈的應急管理是近年來的一個研究熱點。從供應鏈應急管理文獻綜述的回顧中，可以發現已有的文獻基本上都是研究突發事件發生後，供應鏈應該採取何種策略來消除事後的不利影響，但它們都沒有探討供應鏈應急事件的發生機理。本章首先運用非線性動力學中研究流體同步的方法，建立了供應商和零售商在多週期銷售中運作協調的動態模型。該模型從定量的角度描述了供應商和零售商從運作協調到發生應急事件的全過程，並給出了應急事件持續時間的求解方法。

第五章在第四章基礎上，進行了供應鏈應急預案研究。利用應急管理中的分級思想和新消費者行為理論，提出了在應急事件下，估計供應鏈損失的新方法。通過該方法能夠比較容易地算出供應鏈應急損失值，然後把該值與應急預案的閥值進行比較，從而確定供應鏈應急預案的啓動時機。

第六章討論了如何加強供應鏈的夥伴關系建設，以便從供應鏈的內部增強抵禦風險的能力。首先從資產專有性的角度出發，研究了供應鏈夥伴關系對利潤的影響。利用交易成本經濟學中的資產專有性的觀點，建立了供應鏈中夥伴關系在合作狀態下的動態演化方程；然後利用微分對策論討論了供應鏈夥伴關系對其利潤的影響；並運用動態規劃的原理，得出合作條件下的靜態納什均衡策略。最後，通過博弈論的方法，研究了夥伴關系與契約執行力度之間的關系，研究表明加強夥伴關系建設有助於契約和各種合約的執行，從而達到減小內部風險的目的。

最後本書總結了論文的主要研究結論和創新點，並提出了一些今後可以進一步研究的方向。

第二章　基於雙向拍賣機制的供應鏈回購契約研究

易逝品供應鏈契約研究一直是供應鏈管理中一個熱門的研究點。本章在常規不確定性條件下，對該類供應鏈的契約進行了研究。針對供應商與零售商在批發價估價問題上，因信息不對稱存在的估價不一致行為，運用雙向拍賣機制來進行議價，協商出一個雙方認可的批發價，並在此基礎上，運用改進的回購契約來協調供應鏈。研究表明，基於雙向拍賣議價機制的回購契約能有效增強協商能力，並實現雙方利潤的任意劃分，更好地達到供應鏈協調。

2.1　引言

隨著科技進步和市場競爭的加劇，產品的生命週期正在逐漸縮短，越來越多的產品（如個人計算機、信息產品和服裝等）表現出易逝品（Perishable Products）的特徵，具體表現為時效性強、產品需求波動大、生產提前期長等。如果易逝品在它的銷售期（生命週期）內沒有售完，那麼它的剩餘價值將會變得很低，甚至淪為負值。這就使得易逝品供應鏈的決策者比一般產品供應鏈的決策者面臨更大的風險。據報導，IBM 公司的 ValuePoint 品牌計算機在 1994 年有價值 7 億美元的過剩庫存，而在 1995 年他們的 Aptiva 品牌計算機又損失了 1 億多美元的潛在收益。而 Fisher、Raman 觀察到時尚品牌服裝製造商的訂貨量普遍比理論研究中風險中性的製造商的訂貨量低；Schweitzer、Cachon 通過對報童的決策行為進行實驗測試，發現所有報童的實際決策幾乎都偏離利潤最大化時的決策點。同時根據我們對國內易逝品供應鏈管理現狀的廣泛調研，先後涉及服裝製造、食品加工、消費電子產品和醫藥生產等多個行業，發現國內企業也普遍存在上述類似的問題。易逝品的普遍存在，及其固有的風險性特徵，使得易逝品供應鏈的研究分外熱門。如何通過有效的契約機制，以加強易逝品供應鏈的管理，減小風險，提高績效，是近年來供應鏈研究的重點。

而在對易逝品供應鏈的研究中，我們發現，此類供應鏈中經常存在著嚴重的信息不對稱現象。這主要由兩方面的原因造成：一方面是由於供應鏈自身的結構所決定的。因為在供應鏈中，零售商一般比供應商更靠近消費者，所以他們擁有更多市場和銷售方面的信息。另一方面是由於供應鏈中各方出於對自身利益的保護，通常會隱藏部分重要的私有信息。

近年來，關於供應鏈中非對稱信息的研究比較多。Gan、Sethi（2004）[165]指出了在信息不對稱情況下研究供應鏈協調的重要性，並通過設計一個菜單式的契約來實現協調。Corbett、Groote（2000）[75]在非對稱信息條件下，對供應商如何設計最優折扣策略的問題展開研究，並把結果與完全信息下的結論進行了比較，研究表明在非對稱信息下，整個供應鏈的績效下降了，但是與完全信息下沒有任何協調的合同相比還是更有效率。Corbett、Tang（2004）[90]研究了在非對稱信息情況下，供應商如何獲得確切可靠的下家成本信息結構，有助於給零售商提供更為合理的契約，研究發現在兩階段合同中信息具有更高的價值。國內學者曉斌、劉魯（2004）[94]研究了在非對稱需求信息下兩階段供應鏈的Stackelberg博弈問題，並給出了信息不對稱下的供應鏈協調機制。趙泉午、卜祥智（2006）[166]針對單供應商和多零售商的兩級供應鏈，在信息不對稱的情形下，研究了供應商如何採用返利策略來實現期望利潤最大化的問題。郭瓊、楊德禮（2006）[167]利用批發價契約分析了不對稱信息下，供應鏈績效低下的原因，並運用信號博弈理論設計了相關的期權契約。研究表明：通過激勵信息優勢方向信息劣勢方提供真實的市場需求信號，並據此制定供應商的相關生產決策，以及零售商的期權購買決策，最終可以使供應鏈協調。周永務，楊善林（2006）[168]等在信息不對稱的環境下，利用斯坦伯格結構對簡單的報童模型進行了定價問題的研究。研究表明：利用數量折扣契約不僅可以提升整個渠道的效率，而且也可以增加供應商與零售商的利潤從而達到雙贏。

在各種契約的研究中，回購契約由於結構簡單、易於執行的特點，而一直備受業界與學界的關注。例如寶潔公司就是通過回購契約來處理剩餘產品。Pasternack（1985）[41]在報童模型的基礎上，分析了供應鏈協調的回購策略，並根據退貨數量和退貨價格對契約進行分類和討論。Cachon（2003）[169]對常用的供應鏈契約給出了很好的綜述，並指出未來該領域的研究方向。國內學者賈濤、徐渝等（2006）[49]研究了在市場需求隨機依賴於零售商的初始庫存量，且庫存成本是非線性的情況下，回購契約如何來協調供應鏈。於輝、陳劍（2005）[50]研究了在突發事件造成零售商的需求發生變化時，如何用改進的回購契約來協調供應鏈。研究表明：在改進的回購契約下，供應鏈對突發事件造成的需求變化具有很強的魯棒性。

從上述關於回購契約的文獻回顧中不難發現，在面對不確定的隨機需求時，很多供應商希望通過回購契約來激勵零售商多訂購產品。但是他們忽略了一個重要的方面，那就是批發價的議定問題。通常供應鏈中的議價是指：供應商確定對零售商銷售商品的批發價格，以此確定供應鏈中雙方對商品利潤劃分的基調。而回購參數的主要作用是通過供應商回購零售商沒賣完的商品，以此來降低零售商的或有損失或風險，它對整體利潤劃分只有微調作用。由於以往的文獻很少把議價過程與回購契約結合起來分析，所以本章將針對這個問題展開研究。

本章的模型考慮了一個由單一供應商和零售商組成的二級供應鏈。他們共同面對隨機的市場需求。供應商向零售商提供單一的易逝性商品，且雙方對商品的市場估價存在著不對稱現象。這種不對稱可能是由於他們對產品的市場前景以及銷售狀況的估計存在著偏差。在銷售季節到來之前，雙方首先需要通過雙向拍賣的議價方式來確定新銷售季節的批發價格；接著確定供應鏈的最優訂貨量與回購系數，以使供應鏈協調。本模型和其他回購契約最大的不同是：引入雙向拍賣機制來刻畫批發價 w 的協商過程，並給出了相應的交易區間。

本章結構是，第一節首先對供應鏈中的契約問題的研究文獻進行了簡單的概述；第二節對線性出價策略下的雙向拍賣機制進行分析；第三節沿用第二節中雙方在議價過程中確定的批發價格，並運用回購契約來協調供應鏈；第四節通過比較靜態分析的方法，考慮了議價能力 k 與訂貨量、批發價格、回購參數之間的關系，並討論了議價能力對於供應商和零售商之間貿易成交的影響；最後是本章小結。

2.2 雙向拍賣定價模型分析

考慮一個簡單的報童模型：它由一個供應商和一個零售商構成，雙方都是風險中性的理性個體，面臨單一的銷售季節和隨機的市場需求。在銷售季節來臨之前，零售商只有一次訂貨的機會。由於供應商和零售商對產品的估價都是私有信息，且沒有共享，這會導致雙方對市場預期存在著一定的偏差，而這一偏差會直接影響雙方的交易決策。

為了減小信息不對稱帶來的困難，本書引入雙向拍賣機制[170]。該機制實際上是不完全信息下的靜態貝葉斯博弈。根據海薩尼轉換引入一個虛擬的局中人「自然」。它首先給出供應商的估價類型 v_s，並告知供應商；同時它也給出零售商的估價類型 v_r，並告知零售商。此估價類型的精確值是私有信息，不被交易夥伴共享，但它們的分佈函數是一個共有知識。只有當供應商和零售商明確了自己在每一個可能估價類型下的出價策略 $w_i(v_i)$，$(i = r, s)$ 後，才決定自己的交易價格。為了便於分析，模型中的符號定義：

v_s 代表供應商對商品的估價，它服從 [0, 1] 的均勻分佈；

v_r 代表零售商對商品的估價，它也服從 [0, 1] 的均勻分佈；

供應商的一個出價策略是 $w_s(v_s)$，它是自身對商品估價 v_s 的線性函數；

零售商的一個出價策略是 $w_r(v_r)$，它是自身對商品估價 v_r 的線性函數；

供應商給出一個賣價 w_s，它是供應商眾多出價策略中的一個；

零售商也給出一個買價 w_r，它是零售商眾多出價策略中的一個。

$k \in [0, 1]$，表示供應商的議價能力。如果供應商的議價能力越強，那麼 k 值就越大，這樣他便能從供應鏈的整體銷售中獲得更多的利潤。

該博弈規則如下：

如零售商的出價高於供應商的出價，即 $w_r \geq w_s$，則以價格 $w^* = w_s + k(w_r - w_s)$ 進行交易；如果 $w_r < w_s$，則雙方不發生交易。當供應商以價格 w^* 達成交易，那麼供應商獲得的效用為 $w^* - v_s$；同理，當零售商以 w^* 的價格達成交易，那麼零售商獲得 $v_r - w^*$ 的效用，否則效用也為 0。

根據雙向拍賣理論可知，如果滿足以下兩個條件，則策略組合 $\{w_r(v_r), w_s(v_s)\}$ 即為該博弈的貝葉斯納什均衡。

(1) 對於零售商在區間 [0, 1] 內的一個估價為 v_r，其出價策略 $w_r(v_r)$ 應該滿足：

$$\max_{w_r}[v_r - (kw_r + (1 - k)E[w_s(v_s) \mid w_r \geq w_s(v_s)])]p(w_r \geq w_s(v_s)) \quad (2\text{-}1)$$

公式 (2-1) 中的 $p(w_r \geq w_s(v_s))$ 表示零售商出價 w_r 時交易成功的概率。$[v_r - (kw_r + (1-k)E[w_s(v_s) \mid w_r \geq w_s(v_s)])]$ 代表零售商交易成功時獲得的效用，其中 $(kw_r + (1 - k)E[w_s(v_s) \mid w_r \geq w_s(v_s)])$ 代表交易成功時的價格。$E[w_s(v_s) \mid w_r \geq w_s(v_s)]$ 表示當零售商的出價高於供應商的出價時，供應商出價的期望值。

(2) 對於供應商在區間 [0, 1] 內的一個估價為 v_s，其出價策略 $w_s(v_s)$ 應該滿足：

$$\max_{w_s}[((1 - k)w_s + kE[w_r(v_r) \mid w_r(v_r) \geq w_s]) - v_s]p(w_r(v_r) \geq w_s) \quad (2\text{-}2)$$

公式 (2-2) 中的 $p(w_r(v_r) \geq w_s)$ 表示供應商出價 w_s 時交易成功的概率。

$[((1-k)w_s+kE[w_r(v_r)\mid w_r(v_r)\geq w_s])-v_s]$ 代表供應商交易成功時獲得的效用，其中 $((1-k)w_s+kE[w_r(v_r)\mid w_r(v_r)\geq w_s])$ 代表交易成功時的價格。$E[w_r(v_r)\mid w_r(v_r)\geq w_s]$ 表示當供應商的出價小於零售商的出價時，零售商出價的期望值。

如前所述，供應商和零售商的出價策略均為自身估價的線性函數，且估價類型 $v_i(i=s,r)$ 在 [0，1] 服從均勻分佈，所以他們的策略滿足下面的表達式和出價區間：

$$w_s(v_s)=a_s+b_sv_s,\ b_s>0,\ a_s\geq 0,\ (0\leq v_s\leq 1) \tag{2-3}$$

$$w_r(v_r)=a_r+b_rv_r,\ b_r>0,\ a_r\geq 0(0\leq v_r\leq 1) \tag{2-4}$$

$$a_s\leq w_r(v_r)\leq a_s+b_s,\ a_r\leq w_s(v_s)\leq a_r+b_r \tag{2-5}$$

公式（2-3）和（2-4）分別是供應商和零售商的出價策略，從中可以看出，該策略與商品的估價成正比：估價越高，商品的出價也就越高。此外 $a_i\geq 0$，$(i=s,r)$ 可以理解為他們對商品出價的底線，由於出價不可能是負數，所以假定它們非負。公式（2-5）是一個理性供應商、零售商為了確保交易能夠順利進行，而設定的出價範圍。由於出價策略函數和估價分佈是共享的信息，所以供應商和零售商可以根據這些信息得到一個相應的出價範圍。

根據公式（2-3）、（2-4）可以算出公式（2-1）、（2-2）中相關的概率項和數學期望項：

零售商出價 w_r 時交易成功的概率：

$$p(w_r\geq w_s(v_s))=p(w_r\geq a_s+b_sv_s) \tag{2-6a}$$

$$=p(w_r\geq a_s+b_sv_s) \tag{2-6b}$$

$$=(w_r-a_s)/b_s \tag{2-6c}$$

把公式（2-5）代入公式（2-6c），可以得到 $0\leq p(w_r\geq w_s(v_s))\leq 1$。

供應商出價 w_s 時交易成功的概率：

$$p(w_r(v_r)\geq w_s)=p(a_r+b_rv_r\geq w_s) \tag{2-7a}$$

$$=p(v_r\geq (w_s-a_r)/b_r) \tag{2-7b}$$

$$=(b_r+a_r-w_s)/b_r \tag{2-7c}$$

把公式（2-5）代入公式（2-7 c），可以得到 $0\leq p(w_r\geq w_s(v_s))\leq 1$。

當零售商的出價高於供應商的出價時，供應商出價的期望值：

$$E[w_s(v_s)\mid w_r\geq w_s(v_s)]=E[a_s+bv_s\mid v_s\leq (w_r-a_s)/b_s] \tag{2-8a}$$

$$=\frac{E[a_s+b_sv_s,\ v_s\leq (w_r-a_s)/b_s]}{p(v_s\leq (w_r-a_s)/b_s)} \tag{2-8b}$$

$$=\frac{1}{(w_r-a_s)/b_s}\int_0^{(w_r-a_s)/b_s}(a_s+b_sv_s).\ 1dv_s \tag{2-8c}$$

$$= \frac{w_r + a_s}{2} \tag{2-8d}$$

同理，可以得到供應商出價小於零售商出價時，零售商出價的期望值：

$$E[w_r(v_r) \mid w_r(v_r) \geqslant w_s] = \frac{a_r + b_r + w_s}{2} \tag{2-9}$$

將公式（2-6c）、(2-7c)、(2-8d)、(2-9）分別代入公式（2-1）和（2-2)，有：

$$\max_{w_r}[v_r - (kw_r + (1-k)(w_r + a_s)/2)]\frac{(w_r - a_s)}{b_s} \tag{2-10}$$

$$\max_{w_s}[((1-k)w_s + k(a_r + b_r + w_s)/2) - v_s](b_r + a_r - w_s)/b_r \tag{2-11}$$

由於公式（2-10）和（2-11）中，關於 w_r、w_s 的二次項均為負，所以顯然存在最大值。對公式（2-10）和（2-11）應用求極值的一階條件有：

$$\frac{\partial\left[[v_r - (kw_r + (1-k)(w_r + a_s)/2)]\frac{(w_r - a_s)}{b_s}\right]}{\partial w_r} = 0 \tag{2-12a}$$

$$\Rightarrow w_r = \frac{1}{(k+1)}v_r + \frac{k}{(k+1)}a_s \tag{2-12b}$$

同理：

$$\frac{\partial[[((1-k)w_s + k(a_r + b_r + w_s)/2) - v_s](b_r + a_r - w_s)/b_r]}{\partial w_s} = 0 \tag{2-13a}$$

$$\Rightarrow w_s = \frac{1-k}{(2-k)}(b_r + a_r) + \frac{1}{(2-k)}v_s \tag{2-13b}$$

將公式（2-12b）、（2-13b）與公式（2-3）、（2-4）的系數進行比較，有：

$$\frac{k}{(k+1)}a_s = a_r \tag{2-14a}$$

$$b_r = \frac{1}{(k+1)} \tag{2-14b}$$

$$\frac{1-k}{(2-k)}(b_r + a_r) = a_s \tag{2-14c}$$

$$b_s = \frac{1}{(2-k)} \tag{2-14d}$$

對公式（2-14a)、(2-14b)、(2-14c)、(2-14d）化簡整理有：

$$b_r = \frac{1}{(k+1)} \tag{2-15a}$$

$$b_s = \frac{1}{(2-k)} \tag{2-15b}$$

$$a_r = \frac{k(1-k)}{2(k+1)} \tag{2-15c}$$

$$a_s = \frac{1-k}{2} \tag{2-15d}$$

把公式（2-15a）、（2-15b）、（2-15c）、（2-15d）所得到的系數代入公式（2-3）、（2-4）可以得到：

$$w_s(v_s) = \frac{1-k}{2} + \frac{1}{(2-k)}v_s \tag{2-16}$$

$$w_r(v_r) = \frac{k(1-k)}{2(k+1)} + \frac{1}{(k+1)}v_r \tag{2-17}$$

公式（2-16）、（2-17）就是在該線性定價策略假定下得到的貝葉斯均衡。此刻供應商和零售商的出價為：$w_s = w_s(v_s)$，$w_r = w_r(v_r)$。根據前面的假設，在 $w_r \geq w_s$ 的條件下，交易價格為：

$$w^* = w_s + k(w_r - w_s) = \frac{1-k^3}{2(1+\mathrm{k})} + \frac{1-k}{2-k}v_s + \frac{k}{k+1}v_r \tag{2-18}$$

2.3 回購模型分析

本節延續第二節的分析，首先確定批發價 w^*，接著用回購契約來確定供應鏈的最優定購量 q^* 和回購參數 b。這兩個參數的確定有這樣兩層意思：第一是確定供應鏈的最優定購量 q^*，並讓零售商按最優定購量來購買商品，以使供應鏈達到協調；第二零售商在最優定購量的約束下，自身的銷售風險可能增大。為了降低該風險，供應商以回購價 b 回收賣不完的商品，以提高零售商的積極性，此舉實際上是對銷售的殘差利潤進行分配。該模型有如下的假設：

① $c_s(c_s \geq 0)$ 是供應商的單位生產成本，$c_r(c_r \geq 0)$ 是零售商的單位生產成本，並且它們滿足下列關系式：$c_s + c_r = c$；v 是季末未售出產品的殘值，它滿足 $v + b < c$，該式子表明零售商不能從剩餘庫存中獲利；

② g_r 是懲罰系數：它表示零售商沒有滿足消費者需求時，所受到的懲罰；同理 g_s 表示供應商沒有滿足零售商時受到的懲罰。懲罰系數滿足下式：$g_r + g_s$

$= g$；

③假定零售商訂貨量為 q，w^* 是交易區內零售商和供應商達成交易的批發價格，p 是零售商在市場上銷售的零售價格，它是一個外生變量，滿足：$p > w^* > c$；

④D 是一個表示市場需求的隨機變量，假定 f 是需求的密度函數，F 是需求的分佈函數，$\mu = E(D)$，表示需求的數學期望；

$$s(q) = q(1 - F(q)) + \int_0^q yf(y)dy = q - \int_0^q F(y)dy$$

$$I(q) = (q - D)^+ = \max(0,\ q - D) = q - s(q)$$

$$L(q) = (D - q)^+ = \max(0,\ D - q) = \mu - s(q)$$

此外，供應商在給定批發價 w^* 下付給零售商的轉移支付 $T_b(q,\ w^*,\ b) = w^* q - bI(q)$；它表示零售商以批發價 w^* 定購 q 件商品，供應商以價格 b 回收沒有售完的剩餘產品 $I(q)$，以提高零售商的定購積極性。

在回購契約下，零售商的期望收益：

$$E(\pi_r(q)) = ps(q) - c_r q + vI(q) - g_r L(q) - T_b(q,\ w^*,\ b) \quad (2\text{-}19a)$$

$$= (p - v + g_r - b)s(q) - (w^* - b + c_r - v)q - g_r\mu \quad (2\text{-}19b)$$

供應商的期望收益：

$$E(\pi_s(q)) = g_s s(q) - c_s q - g_s\mu + T_b(q,\ w^*,\ b) \quad (2\text{-}20)$$

整個供應鏈的期望收益：

$$E(\pi(q)) = \pi_r(q) + \pi_s(q) = (p - v + g)s(q) - (c - v)q - g\mu \quad (2\text{-}21)$$

由於 $F(\quad)$ 是嚴格的增函數，且 $E(\pi(q))$ 是嚴格的凹函數，所以公式（2-21）一定存在唯一的最優定貨量 q^*。用 q 對公式（2-21）兩邊求導，並應用一階條件 $\partial E(\pi(q))/\partial q = 0$，可以得到最優訂貨量 q^*：

$$q^* = F^{-1}\left(\frac{p - c + g}{p - v + g}\right) \quad (2\text{-}22)$$

在回購契約下，為了達到供應鏈協調，必須使零售商的定購量與供應鏈整體的最優定購量一樣；因此通過比較公式（2-19b）和（2-21），發現當該契約滿足下面兩個等式時能夠使供應鏈協調，其中參數 $\lambda(\lambda \neq 0)$ 可任意地劃分整體的利潤。

$$p - v + g_r - b = \lambda(p - v + g) \quad (2\text{-}23)$$

$$w^* - b + c_r - v = \lambda(c - v) \quad (2\text{-}24)$$

把公式（2-22）、（2-23）、（2-24）帶入公式（2-19b），可以得到零售商在定購量為 q^* 下的期望利潤函數：

$$E(\pi_r(q^*, w^*, b)) = \lambda(p - v + g)s(q^*) - \lambda(c - v)q^* - g_r\mu \quad (2\text{-}25a)$$

$$= \lambda\pi(q^*) + \mu(\lambda g - g_r) \quad (2\text{-}25b)$$

根據公式（2-25b）和（2-21），可以得到供應商的利潤函數為：

$$\pi_s(q^*, w^*, b) = \pi(q^*) - \pi_r(q^*, w^*, b) \quad (2\text{-}26a)$$

$$= (1 - \lambda)\pi(q^*) - \mu(\lambda g_s - (1 - \lambda)g_r) \quad (2\text{-}26b)$$

2.4 比較靜態分析

本節通過比較靜態的方法，來討論供應商的議價能力 k 對契約參數的影響。

命題 2-1：當 w_s 、w_r 與議價能力 k 無關時，批發價 w^* 與回購參數 b^* 同為供應商議價能力 k 的非減函數。

證明：根據第二節雙向拍賣的交易規則的假設，有最優成交價 w^* 必然滿足 $w^* = w_s + k(w_r - w_s)$ ，當 w_s 、w_r 與議價能力 k 無關時，對等式兩邊求導有 $\frac{\partial w^*}{\partial k} = w_r - w_s$ ，又因只有 $w_r > w_s$ 時，才能進行交易，所以 $\frac{\partial w^*}{\partial k} \geq 0$。因此 w^* 是供應商議價能力的非減函數。

為了求 b^* 與 k 的關系，首先把公式（2-23）帶入公式（2-24），消去 λ ，可以得到下面的表達式：

$$b^* = \frac{(p - v + g)(w^* + c_r - v) - (p - v + g)(c - v)}{(p - c + g)} \quad (2\text{-}27)$$

公式（2-27）兩邊對 k 求導可以得到：

$$\frac{\partial b^*}{\partial k} = \frac{\partial b^*}{\partial w^*}\frac{\partial w^*}{\partial k} \quad (2\text{-}28a)$$

$$= \frac{p - v + g}{p - c + g}\frac{\partial w^*}{\partial k} \quad (2\text{-}28b)$$

$$= \frac{p - v + g}{p - c + g}(w_r - w_s) \quad (2\text{-}28c)$$

根據第二節的假設知道 $p > c > v$ ，且 $w_r \geq w_s$ ，因而 $\partial b^* / \partial k \geq 0$，所以 b^* 是供應商議價能力的非減函數，命題 2-1 得證。

命題 2-2：在線性出價策略下，批發價 w^* 與回購參數 b^* 隨議價能力 k 的增大而同步變化，且雙方交易地位對等（ $k = 1/2$）時，交易效率取得最大值。

證明：在線性出價策略下，w_s、w_r 同為 k 的函數，此時 w^* 的值由公式（2-18）確定。用公式（2-18）對 k 求導可以得到：

$$\frac{\partial w^*}{\partial k} = \frac{-3k^2}{2+2k} - \frac{2(1-k^3)}{(2+2k)^2} - \frac{v_s}{(2-k)^2} + \frac{v_r}{(1+k)^2} \quad (2\text{-}29)$$

把公式（2-29）帶入公式（2-28b）可以得到：

$$\frac{\partial b^*}{\partial k} = \frac{p-v+g}{p-c+g}\left(\frac{-3k^2}{2+2k} - \frac{2(1-k^3)}{(2+2k)^2} - \frac{v_s}{(2-k)^2} + \frac{v_r}{(1+k)^2}\right) \quad (2\text{-}30)$$

根據假設 $p > c > v$，所以 $(p-v+g)/(p-c+g) > 0$，批發價 w^* 與回購參數 b^* 隨議價能力 k 同步變化得證。

表 2-1　線性出價策略下議價能力 k 對批發價 w^* 與回購參數 b^* 的影響分析

k	0.1	0.2	0.3	0.4	0.5	0.6	0.7	0.8	0.9	1.0
b^*	0.6604	0.7487	0.8098	0.8458	0.8576	0.8458	0.8098	0.7487	0.6604	0.5417
w^*	1.1096	1.1911	1.2475	1.2807	1.2917	1.2807	1.2475	1.1911	1.1096	1.000

表 2-1 的數據顯示隨著供應商議價能力 k 的增大，批發價 w^* 與回購參數 b^* 同時先增大再減小，該數據直觀地印證了前面的理論分析，所以命題 2-2 的前半部分得證。

為了證明命題 2-2 的後半部分，可以利用圖形來進行分析。由於在均衡條件下，供應商和零售商的出價為：$w_s = w_s(v_s)$，$w_r = w_r(v_r)$，把公式（2-16）和（2-17）代入假設 $w_r \geq w_s$ 中，可以得到表達式：$v_r \geq \frac{k+1}{2-k}v_s + \frac{1-k}{2}$，令直線 AB 為：$v_r = \frac{k+1}{2-k}v_s + \frac{1-k}{2}$。則圖 2-1 中陰影 $\triangle ABC$ 表示：在雙向拍賣機制下採用線性出價策略的交易可行性空間：

$$\rho = \frac{\triangle ABC}{\triangle ODC} = \frac{[1-(1-k)](2-k)}{4} \Big/ \frac{1}{2} = \frac{(1+k)(2-k)}{2} \quad (2\text{-}31)$$

$$\frac{d\rho}{dk} = \frac{1}{2}(1-2k) \quad (2\text{-}32)$$

$$\frac{d^2\rho}{dk^2} = -1 < 0 \quad (2\text{-}33)$$

分析公式（2-32），（2-33），由二階極值條件可以知道，當 $k = 1/2$ 時交易效率 ρ 最大；當 $k \in [0, 1/2]$ 時，交易效率 ρ 隨著 k 的增大而變大；當 $k \in [1/2, 1]$ 時，交易效率 ρ 隨著 k 的增大而變小。由於 k 表示供應商的議價能力，$k = 1/2$ 時交易效率最大，此時對應於雙方議價能力相同；而當任一方的議

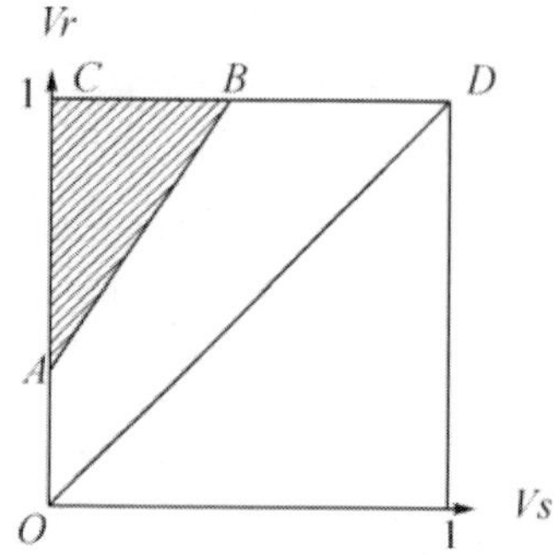

圖 2-1　雙向拍賣機制下線性出價策略的交易可行性空間關係圖

價能力增強時（k 向 0 或 1 靠近），都會導致交易效率下降。這顯然是與直觀相符合的。

從命題 2-1、命題 2-2 可以看出：不論 w_s、w_r 與議價能力 k 的關係如何，在雙向拍賣的供應鏈回購機制下，最優定購量 w^* 與回購參數 b^* 總是隨議價能力 k 同步變化。只是命題 2-1 中的關係要直觀一些，命題 2-2 的關係比較複雜而已。但是其背後隱含的經濟意義與我們的經濟直覺非常一致：因為隨著 k 的增大，零售商獲得商品的批發價也就增大，為此他的轉移支付也就變高了，所以零售商的利潤也就下降了。為了彌補零售商的損失，供應商應該增大 b^*，以此來提高零售商的積極性，所以 w^*、b^* 總隨議價能力 k 同步變化。而對於交易效率來說當雙方處於對等的地位時，交易效率最高，如果雙方地位不對等，則雙方有可能因為對利潤的劃分不滿意而導致成交可能性下降。

命題 2-3：整體最優定購量 q^* 和供應商的議價能力 k 無關。

證明：從最優定購量的表達式 $q^* = F^{-1}(\frac{p-c+g}{p-v+g})$ 可以看出，q^* 只與需求分佈函數 $F(\quad)$ 以及一些外生變量有關，和供應商的議價能力 k 無關，命題 2-3 得證。

命題 2-3 反應了整體最優定購量只與供應鏈自身的性質以及外部市場的需求分佈有關，和議價能力無關。這也從側面反應了：供應商的議價能力只能影響供應鏈整體利潤的劃分，而不會影響供應鏈整體利潤的大小。

2.5　本章結論

研究表明：

①在供應商和零售商採用雙向拍賣機制協商批發價時，可以用回購契約來協調供應鏈。

②在供應商與零售商的出價策略 w_s 、w_r 與議價能力 k 無關時，批發價 w^* 與回購參數 b^* 同為供應商議價能力 k 的非減函數。

③在線性出價策略下，批發價 w^* 與回購參數 b^* 隨議價能力 k 的增大而同步變化，且雙方交易地位對等（$k = 1/2$）時，交易效率取得最大值。

④整體最優定購量 q^* 和供應商的議價能力 k 無關。

2.6 本章小結

本章在基於常規不確定性的契約機制研究中，對報童模型進行了相應拓展：假定存在一對風險中性的供應商和零售商，在因信息不對稱而對產品的市場估價存在差異情形下，雙方通過雙向拍賣機制來確定單產品的批發價格，並用回購契約來協調供應鏈，以使供應鏈整體利潤最大化。

從研究的內容來看，雖然本章只是增加了一個雙向拍賣的議價過程，但實際上，這是增加了一次協商機會，以此來確定雙方銷售利潤劃分的基調。而在以往供應鏈的回購契約模型中，批發價是由某一方直接指定的，沒有協商的餘地。引入雙向拍賣議價機制的回購契約，增強了雙方利潤的調節能力，比較以往模型而言，顯得更加公平、合理，也更具現實指導意義。同時，因為議價機制的存在，使得雙方的議價空間變小，這也就剔除了很多不可信的交易點，從而在一定程度上防止了漫天要價的現象。此外，由於選擇了比較簡潔的線性定價規則，求解方便，契約具有較強的可操作性。研究結論反應出：①批發價格和回購參數將隨供應商議價能力的增大而同步變化，而當雙方議價能力對等時，交易效率達到最高；②供應鏈的整體利潤與供應商的議價能力無關，即議價能力只會影響雙方的利潤劃分而不會對整體利潤的大小產生影響。總的來說，本章對單週期單產品的報童模型有一定的拓展，將來還可以在多週期多產品等方面做進一步的研究。

第三章　基於最優成本估算的多產品供應鏈協調機制研究

第二章在常規不確定性條件下，就銷售單一產品的供應鏈契約機制加以擴展，通過在回購契約中引入雙向拍賣的議價過程，來研究供應鏈協調問題。本章將繼續就常規不確定性下的契約機制展開研究，研究對象由前一章的單一產品擴展到多產品供應鏈的研究上。在銷售多產品的供應鏈中，我們重點針對手機市場上銷售系列產品時，通過推出高端新品手機，以帶動低端市場的間接廣告現象，研究了多產品供應鏈中新產品的最優成本估算及供應鏈的協調問題。

3.1　引言

隨著全球商業競爭日趨激烈、產品快速開發能力不斷提升，眾多廠商對市場份額的爭奪已變得空前激烈。市場對產品的劃分也更為精細，對處於不同生命週期的產品，廠商採用的營銷手段也有很大差異。一般來說，對處於引入期和成長期的產品，廠商喜歡用直接廣告的方式進行宣傳。因為處於這個階段的產品還屬於新生事物，消費者對於它們的瞭解甚少，所以廠商希望通過直接廣告的方式，來讓客戶充分地瞭解其經營的品牌，產品的質量、性能以及售後服務等，從而提升潛在顧客購買該商品的期望，以此增加客戶需求。但對於那些處於成熟期的產品，企業再用直接廣告的方式，就很難對擴大市場需求起到立竿見影的作用。這主要有兩方面的原因：一是處於成熟期的產品，技術相對成熟，市場上替代品較多，顧客的需求較為分散；二是處於成熟期的產品很快就會進入產品的衰退期，如果企業再投入巨額的廣告費可能並不是很合算。如何做到既能拓展市場，又能合理利用資金以利於企業未來的發展，這是許多企業亟待解決的問題。現實中很多外資的企業（特別是一些跨國公司）給了我們很好的啟示：他們採用一種間接廣告的方式，通過推出與成熟期產品同屬一系列的高端產品，來擴大品牌在市場中的競爭力。由於高端產品的成功推出，有利於提升用戶對該品牌的認知度，從而會吸引一些其他品牌的用戶或新用戶，來消費處於低端成熟期產品，因而這種營銷策略起到了間接廣告的作用。這種策略從表面上看，並沒有直接宣傳低端成熟期的產品，但是高端產品成功推出，發揮了與直接廣告類似的作用——即通過宣傳起到增加市場需求的作用。儘管這種策略可行，但是因為高端產品的研發需要投入更多的資金和人力，所以對於那些資源相對匱乏的中小企業來說一般很難承受。這也導致中小企業很可能選擇其他的促銷方式（如電視直銷），但對於那些大企業來說，卻是另外一番景象。因為他們的人力資源較為豐富，資金也更為充足，即使出現資金短缺，也可憑藉自己較好的聲譽進行融資，所以大企業更願意選擇間接廣告這種營銷策略。通過這種策略既起到擴大低端市場的作用，又為企業未來的發展提供了良好的契機——因為一旦產品進入升級換代期，提前推出高端產品的企業就會迅速占領市場從而贏得商機。目前，市場上的大多數品牌手機，如諾基亞、摩托羅拉、三星等，就經常採用這種營銷策略。本書將針對這種市場現象，以某品牌手機為例，研究由單一供應商和零售商組成且銷售多產品的簡單供應鏈。考察供應商在採用間接廣告的條件下，應怎樣制訂最優的營銷策略，也就是推出什麼價位的手機來最大化供應鏈的整體利潤，並在該策略下，選擇合適的契約來協調供應鏈。

目前，對於成熟期產品的營銷策略研究較少，且基本是定性研究。郝旭光(1999)[171]對生命週期各階段的產品營銷策略進行了綜述。研究表明：處於成熟期的產品，銷售量處於一個拐點，它的銷售速度正由快減慢，並有停止的趨勢，此時價格處於一個平穩期，企業的利潤也達到了高峰，面對成熟期的產品，要採用創新性的市場營銷策略，不能保守。周永務、楊善林(2002)[172]研究了報童問題下商品的最優廣告費用與訂貨策略的聯合確定問題，研究表明：不確定性環境下的最優廣告投入量小於確定環境下的最優廣告投入量。曹細玉、寧宣熙（2006）[173]針對易逝品供應鏈的聯合廣告投入、訂貨策略與協調問題進行了研究。研究表明：易逝品供應鏈中廣告投入存在道德風險問題。不過上述兩篇文獻都是針對直接廣告的問題，並不涉及我們所研究的間接廣告方式。此外，Cachon（2003）[169]，楊德禮、郭瓊（2006）[174]對供應鏈的契約協調做了很好的綜述。Kirstin(2002)[175]，盧震、黃小原（2004）[176]研究了具有不確定交貨條件下的供應鏈協調問題。Bresnaban，Reiss（1985）[35]研究了確定性需求下的批發價格契約（The Wholesale Price Contract，以下簡稱 WPC）。Lariviere、Porteus(2001)[34]，Boyaci、Gallego(2002)[36]給出了報童問題

(Newsvendor Problem) 更為完整的分析。他們認為只有在供應商獲取零或者負利潤時，WPC 才能協調供應鏈。究其原因，供應商和零售商都是風險中性的理性人，所以他們在生產活動中會以自身利潤最大化為目標，而不去考慮供應鏈的整體績效，從而引發雙重邊際效應，導致供應鏈協調失敗。該現象由 Spengler 最先發現，所以通常 WPC 被認為是一種不能協調供應鏈的契約。Gilbert、Cvsa (2003)[177]研究了關於需求不確定時的 WPC，並得到允許批發價格隨市場需求進行調整的獲利彈性。Fernando (2005)[178]研究了在不確定性條件下，供應鏈的下游由一些相互競爭的零售商組成時，均衡決策具有的一些性質，同時考慮了如何用價格折扣共享契約（也就是線性批發價定價策略加上固定折扣率）來使分散決策的定購量和集中決策的定購量一樣，從而協調供應鏈。曉斌、劉魯 (2004)[94]研究了在非對稱需求信息下兩階段供應鏈的 Stackelberg 博弈問題，並給出了信息不對稱下的供應鏈協調機制。不過這些關於供應鏈協調的文獻都只涉及單產品，而我們研究的對象是銷售多產品的供應鏈。因此在不對稱的市場環境下，把銷售多產品的最優營銷策略與供應鏈協調機制結合起來研究，就顯得很有意義。

本章結構，第一節首先對多產品供應鏈問題的研究文獻進行了簡單的概述；第二節基於手機市場上的間接廣告現象，提出相關的研究問題；第三節對相關問題模型化，並給出供應鏈在銷售多產品條件下，供應商對新產品的最優成本估算，接著，在此基礎上給出集中決策和分散決策的收益函數；第四節通過第三節研究發現分散決策下的定購量等於或小於集中決策下的定購量，提出用線性價格折扣契約來協調供應鏈，並對模型中的相關參數進行分析；最後是本章小結。

3.2 問題提出

假設市場上存在一條銷售某知名品牌手機的簡單供應鏈，它由風險中性的、單一的供應商和零售商組成，他們都追求利潤最大化。零售商正在市場上熱銷一款處於成熟期的低端手機。由於該手機已處於產品成熟期，所以市場競爭對手較多，市場價格與用戶需求也趨於穩定。但是由於這款手機是該供應鏈的主要利潤來源，所以他們希望維繫甚至提升用戶的需求。因此希望通過推出一款與該手機同屬一個品牌的高端手機來刺激低端市場，以促進消費。由於這兩款手機針對的客戶群之間消費能力差異非常大，所以它們的市場劃分比較明顯。一般來說，高端消費者收入較高，人數較少，需求也較為集中，他們一般不會去消費低端的手機；而低端用戶人數眾多，需求也較為分散，他們中的絕大多數人由於收入的限制，也沒有能力去消費高端手機。但是由於高端手機的成功推出，體現了製造商在技術與能力方面的突破，這有助於提升該品牌手機在低端用戶心目中的保留價位。因此在低端產品市場價格不變的情況下，高端產品的成功推出有可能造成低端需求曲線向右上移動，從而達到增加用戶需求的目的。

假設供應商根據以往的銷售經驗知道，商品的需求是價格 p 的敏感性函數。其中，高端產品的需求函數為 $D_h(P_h)$，它具有確定性的需求量。之所以這麼選擇，是因為高端客戶主要由高收入人群構成，他們人數較少，需求比較集中，所以我們假設高端產品的需求量是確定性的。此外令 $p_h(q_h)$ 為高端產品的市場價格，$p_h(q_h)$ 對於其成本 c_h 連續可導，假設 $\partial(p_h(q_h))/\partial c_h = n > 0$，其中 q_h 為高端商品的訂貨量。這裡採用線性需求函數：

$$p_h(q_h) = a_h - b_h q_h \tag{3-1}$$

公式（3-1）中，a_h 為高端用戶所能承受的心理價位，b_h 是價格敏感因子。由於該高端產品包含了某些獨有的新技術，所以該產品一旦推出，在短時間內可能會對高端市場有一定的壟斷作用。基於此，供應商在推出該手機之前，對未來手機市場的價格有一個預測過程。假設供應商採用生產成本定價法來預測高端產品的市場價格 $\tilde{p}_h(q_h)$，那麼該價格需要滿足：

$$\tilde{p}_h(q_h) = mc_h,\ \tilde{p}_h(q_h) < a_h,\ m > 1 \tag{3-2}$$

公式（3-2）中，$\tilde{p}_h(q_h) < a_h$ 表示供應商的高端產品定價不能高於用戶的心理價位（保留價格），$m > 1$ 表示供應商在制定高端產品的價格時，該價格必須要大於成本。

由於低端產品已處於成熟期，所以它的市場價格趨於穩定，我們假定它是一個常數，同時低端產品的市場需求量也趨於穩定。因此在高端產品沒有推出之前，如果假設該需求函數也是線性的，那麼需求量可以表示為下式：

$$x = a_l/b_l - p_l/b_l \tag{3-3}$$

公式（3-3）中，a_l 為低端用戶所能承受的保留價格，b_l 是價格敏感因子，p_l 是因市場競爭而形成的穩定價格。當高端產品推出後，低端產品的需求函數發生了變化，它可以表示為：

$$x = (1 + \eta(P_h,\ \beta))\frac{a_l}{b_l} - \frac{p_l}{b_l} + \varepsilon \tag{3-4}$$

公式（3-4）中，由兩部分組成，第一部分為：確定性部分 $(1+\eta(P_h,\beta))\frac{a_l}{b_l}-\frac{p_l}{b_l}$，表示高端產品成功推出後，低端市場的需求量加大，造成固定需求部分向右上平移了一段。之所以選擇平移是為了簡化問題，把重點集中在研究的問題上。平移的幅度與造勢因子 $\eta(P_h,\beta)$ 有關。ε 代表隨機擾動項。

造勢因子 $\eta(P_h,\beta)$ 是高端商品的價格 P_h 與品牌價值 β 的函數。它有這樣的性質：

① $\eta(P_h,\beta)\geqslant 0$；

② $\partial(\eta(P_h,\beta))/\partial P_h=\mu>0$，$\partial^2(\eta(P_h,\beta))/\partial P_h^{\,2}<0$；

③ $\eta(P_h,\beta)$ 的值與品牌價值 β 呈單調增的關系，且當 β 值較小時，$\eta(P_h,\beta)$ 趨於零。

性質 1 表明：該造勢因子是一個非負數；性質 2：表明在品牌價值一定時，造勢因子在一定的價格區域內，隨著商品價格增加而增加；性質 3 表明商品的品牌價值與造勢因子正相關，且如果商品沒有什麼品牌價值，那麼造勢因子將趨於零，此時，新品的推出基本不會影響消費者的消費心理。之所以這樣選擇，是因為隱含了這樣一層含義：消費者總是在自身消費能力之內，追求市場認知度高且質量好的產品，這也符合一般的常理。而商品的價格和品牌價值是正好可以反應市場的認知度與質量的兩個因素；且通常認為品牌價值越高的產品質量越高，其次在品牌一定的情況下，商品的價格越高，代表該產品的技術含量越高、質量越好。基於造勢因子的上述性質，以及我們的研究對象是某名牌手機這一假設，所以根據性質 3 有 $(1+\eta(P_h,\beta))>1$。基於上面的分析與假設，可以看出由於高端產品的成功問世，低端產品的保留價格被提升至 $(1+\eta(P_h,\beta))a_l/b_l$，再加上低端產品已進入成熟期，所以在價格 p_l 與價格敏感因子 b_l 不變的條件下，低端產品的確定需求部分會向右上平移，從而起到一般廣告增加市場需求的作用。第二部分 ε，表示隨機需求部分。它是一個連續的隨機變量，它的密度函數為 $f(y)$，分佈函數為 $F(y)$，其均值為 μ，方差為 δ^2。之所以要加這個隨機變量，是因為低端市場廠家眾多，在廠商推出新的高端產品後，其他廠家很可能會快速地推出自己的新品，或者用降價等營銷策略來改善各自的低端市場，從而引起低端市場銷售量的波動。

結合公式（3-2）、（3-4），可以發現新產品的成本是供應商制定營銷決策的關鍵因素。因為這個成本不僅涉及高端產品的技術質量與品質，而且也涉及新產品對低端市場的影響作用，所以供應商會事先綜合各方面的情況，在一體化決策下對最優成本進行預測。在估算出最優成本後，新品將被推入市場。

而此時，由於在實際的分散決策中，供應商和零售商會以自身利潤最大化為目標，所以可能存在雙重邊際問題。此時，可以把研究問題轉化為一個斯坦伯格主從決策問題。供應商是決策的主動方，他在確定最優生產成本後，會根據自身利潤最大化的原則，確定最優的批發價 w_h 和 w_l ，然後從動者零售商再根據供應商提供的批發價決定訂貨量 q_h ，q_{l_1} 和 q_{l_2} ，由於雙方都會從自身利益最大化出發，所以導致分散決策下，供應鏈的定購量低於集中決策下的定購量，為瞭解決這個問題，需要構建一個契約來協調供應鏈。

3.3 模型

3.3.1 模型假設

本章所用的記號如下：

下標 r 代表零售商；

下標 s 代表供應商；

下標 h 代表高端市場；

下標 l 代表低端市場；

q_h 為高端商品的訂貨量；

w_h 為高端產品的批發價；

$p_h(q_h)$ 是高端商品的零售價；

$\tilde{p}_h(q_h)$ 是供應商對高端產品的市場估價；

c_h 為高端產品生產的邊際成本（$p_h \geqslant w_h \geqslant c_h$）；

$c_h^*(c_h^* \in c_h)$ 為供應商預測的最優高端產品的生產成本；

w_l 為低端市場的批發價；

c_l 為低端產品的生產邊際成本（$p_l \geqslant w_l \geqslant c_l$）；

c_r 為銷售商銷售商品的邊際成本。

在集中決策下，$q_{l_1}+q_{l_2}$ 為集中決策下低端產品的訂貨量，其中 q_{l_1} 為確定性部分，q_{l_2} 為隨機部分。在分散決策下，零售商的定購量 $q_l^{'}=q_{l_1}^{'}+q_{l_2}^{'}$，其中 $q_{l_1}^{'}$ 為確定性部分，$q_{l_2}^{'}$ 為隨機部分。$p_l(q_{l_1})$ 是低端市場在集中決策下商品的零售價，$p_l(q_{l_1}^{'})$ 是分散決策下商品的零售價，根據假設知道低端市場的零售價格並不發生變化，所以有 $p_l(q_{l_1})=p_l(q_{l_1}^{'})=p_l$ 。它滿足：（$p_l \geqslant w_l \geqslant c_l$）。

零售商期望銷售的低端產品為$I(x, y)=x+y-\int_0^y F(x)dx$，其中$x$是確定性的訂貨量，y是隨機的訂貨量；沒有出售完的低端產品可以殘值ν進行處理，高端產品由於需求是確定的，所以不用考慮殘值問題，自然也不用考慮回購問題。在銷售季節末，供應商以價格d對零售商沒有賣完的低端商品進行回購，其中（$\nu < d < w_i$，$i=h, l$），對於超過需求的那部分商品，假設它就損失掉，不做專門考慮；系統利潤$\pi=(\pi_{rh}+\pi_{sh})+(\pi_{rl}+\pi_{sl})$，其中前一個括號是高端市場零售商和供應商創造的利潤，後一個括號是低端市場零售商和供應商創造的利潤。供應商在推出新產品前，需要綜合各方面的因素，尋求一個最優的營銷策略c_h^*，以使整體利潤最大化。

3.3.2 供應商的最優成本確定

在集中決策下，只有一個決策者，所以他會把整體利潤最大化作為決策目標。假設此時供應商是決策者，並且他知道低端市場的需求分佈，所以利用上面的假設我們可以得到一體化下的利潤函數：

$$\begin{aligned}\max E[\pi(q_h, q_{l_1}, q_{l_2})] &= q_h[p_h(q_h)-(c_h+c_r)] \\ &\quad +(q_{l_1}+q_{l_2})[p_l-(c_l+c_r)] \\ &\quad -[p_l-\nu][q_{l_1}+q_{l_2}-I(q_{l_1}, q_{l_2})] \\ &= q_h[p_h(q_h)-(c_h+c_r)] \\ &\quad +(q_{l_1}+q_{l_2})[p_l-(c_l+c_r)] \\ &\quad -[p_l-\nu]\int_0^{q_{l_2}} F(x)dx \end{aligned} \tag{3-5}$$

利用公式（3-4）和相關假設，可以得到低端產品確定性部分q_{l_1}滿足下式：

$$q_{l_1}=(1+\eta(P_h, \beta))a_l/b_l-\frac{p_l}{b_l} \tag{3-6}$$

當供應商採用成本定價法來確定新產品的市場價格時，把公式（3-1）、（3-2）、（3-6）代入公式（3-5），可以得到：

$$\begin{aligned}\max E[\pi(q_h, q_{l_1}, q_{l_2})] &= (a_h/b_h-mc_h/b_h)[mc_h-(c_h+c_r)] \\ &+\left((1+\eta(P_h, \beta))a_l/b_l-\frac{p_l}{b_l}+q_{l_2}\right)[p_l-(c_l+c_r)]-[p_l-\nu]\int_0^{q_{l_2}} F(x)dx\end{aligned} \tag{3-7}$$

公式（3-7）的兩邊對c_h求一階偏導有：

$$\frac{\partial E[\pi(q_h, q_{l_1}, q_{l_2})]}{\partial c_h} = \frac{(m-1)a_h + mc_r}{b_h} - \frac{2m(m-1)c_h}{b_h} + \frac{\mu m a_l[p_l - (c_l + c_r)]}{b_l} \tag{3-8}$$

再對公式（3-7）的兩邊對 c_h 求二階偏導有：

$$\frac{\partial E^2[\pi(q_h, q_{l_1}, q_{l_2})]}{\partial c_h^2} = -\frac{2m(m-1)}{b_h} < 0 \tag{3-9}$$

根據公式（3-9），並結合二階導數的極值條件可以知道，在一體化決策下供應鏈的整體利潤存在最大值。在該值下，供應商的最優營銷策略應滿足：

$$\frac{(m-1)a_h + mc_r}{b_h} - \frac{2m(m-1)c_h}{b_h} + \frac{\mu m a_l[p_l - (c_l + c_r)]}{b_l} = 0 \tag{3-10}$$

解公式（3-10），得到：

$$c_h^* = \frac{(m-1)a_h + mc_r}{2m(m-1)} + \frac{\mu a_l[p_l - (c_l + c_r)]b_h}{b_l(m-1)} \tag{3-11}$$

公式（3-11）表示：供應商利用生產成本法，預測到當高端手機以成本 c_h^* 推入市場後，可以獲得最大的利潤。因此把公式（3-11）帶入公式（3-5），可以得到最優成本下供應鏈的最大利潤為：

$$\max E[\pi(q_h, q_{l_1}, q_{l_2})] = q_h[p_h(q_h) - (c_h^* + c_r)] + (q_{l_1} + q_{l_2})[p_l - (c_l + c_r)] - [p_l - \nu]\int_0^{q_{l_2}} F(x)dx \tag{3-12}$$

3.3.3 集中決策下的最優訂貨量

為了得到一個基準訂貨量，首先考慮供應商和零售商在一體化情況下的訂貨情況，利用公式（3-12）對 q_h 一階偏導有：

$$\frac{\partial E[\pi(q_h, q_{l_1}, q_{l_2})]}{\partial q_h} = p_h(q_h) + q_h p_h'(q_h) - (c_h^* + c_r) \tag{3-13}$$

利用公式（3-12）對 q_{l_1} 一階偏導有：

$$\frac{\partial E[\pi(q_h, q_{l_1}, q_{l_2})]}{\partial q_{l_1}} = p_l - (c_l + c_r) + p_l'\left[q_{l_1} + q_{l_2} - \int_0^{q_{l_2}} F(x)dx\right] \tag{3-14}$$

利用公式（3-12）對 q_{l_2} 一階偏導有：

$$\frac{\partial E[\pi(q_h, q_{l_1}, q_{l_2})]}{\partial q_{l_2}} = p_l - (c_l + c_r) - (p_l - v)F(q_{l_2}) \tag{3-15}$$

利用公式（3-12）對變量 q_h 二階偏導有：

$$\frac{\partial^2 E[\pi(q_h, q_{l_1}, q_{l_2})]}{\partial {q_h}^2} = -2b_h < 0 \tag{3-16}$$

利用公式（3-12）對變量 q_{l_1} 二階偏導有：

$$\frac{\partial^2 E[\pi(q_h, q_{l_1}, q_{l_2})]}{\partial {q_{l_1}}^2} = p_l' + p_l' = -2b_l < 0 \tag{3-17}$$

利用公式（3-12）對變量 q_{l_2} 二階偏導有：

$$\frac{\partial^2 E[\pi(q_h, q_{l_1}, q_{l_2})]}{\partial {q_{l_2}}^2} = -p_l f(q_{l_2}) < 0 \tag{3-18}$$

由公式（3-16）、（3-17）、（3-18），並結合二階極值條件容易知道，在集中決策下零售商的最優訂貨量一定存在，所以可以令公式（3-12）的最優解為 $(q_h^*, q_{l_1}^*, q_{l_2}^*)$。

通過令公式（3-13）的左邊為零，得到 q_h^* 應滿足：

$$\bar{q}_h^* = (a_h - c_h^* - c_r)/2b_h \tag{3-19}$$

3.3.4 分散決策

在分散決策下，由於零售商和供應商是風險中性的理性個體，所以在決策時，容易從自身的利益出發，這有可能導致整個供應鏈系統的效率低下，為了改變這種情況，就需要契約來進行協調。下面我們先分別討論在分散決策下，供應商與零售商的利潤函數。

3.3.4.1 分散決策下供應商的利潤函數

在分散決策下，供應商的利潤函數由高端市場和低端市場兩部分組成，其中 $\max E[\pi_s(q_h', w_h)]$ 表示供應商在高端市場的收入，$\max E[\pi_s(q_{l_1}', q_{l_2}', w_l)]$ 表示供應商在低端市場的收入，則供應商在分散決策下的利潤函數為：

$$\begin{aligned}\max E[\pi_s] &= \max E[\pi_s(q_h', w_h)] + \max E[\pi_s(q_{l_1}', q_{l_2}', w_l)] \\ &= q_h'(w_h - c_h^*) + (w_l - c_l)(q_{l_1}' + q_{l_2}')\end{aligned} \tag{3-20}$$

3.3.4.2 分散決策下零售商的利潤函數

在分散決策下，零售商的利潤函數也由兩部分組成，其中 $\max E[\pi_{hr}(q_h', w_h)]$ 表示零售商在高端市場的收入，$\max E[\pi_{lr}(q_l', q_{l_2}', w_l)]$ 表示零售商在低端市場的收入，則零售商在分散決策下的利潤函數為：

$$\begin{aligned}\max E[\pi_r] &= \max E[\pi_{hr}(q_h', w_h)] + \max E[\pi_{lr}(q_l', q_{l_2}', w_l)] \\ &= [p_h(q_h') - w_h - c_r]q_h'\end{aligned}$$

$$+ (q'_{l_1} + q'_{l_2})[p_l(q'_{l_1}) - w_l - c_r]$$

$$- [p_l(q'_{l_1}) - d][q'_{l_1} + q'_{l_2} - I(q'_{l_1}, q'_{l_2})] \quad (3\text{-}21a)$$

$$\max E[\pi_r] = [p_h(q'_h) - w_h - c_r]q'_h$$

$$+ (q'_{l_1} + q'_{l_2})[p_l(q'_{l_1}) - w_l - c_r]$$

$$- [p_l(q'_{l_1}) - d]\int_0^{q'_{l_2}} F(x)dx \quad (3\text{-}21b)$$

由於本書假設供應商與零售商構成一個斯坦伯格博弈。供應商是決策主動方，他首先根據自己利潤最大化給出最優的批發價 w_h 和 w_l，然後從動者零售商根據供應商的批發價決定自己的最優訂貨量 q'_h、q'_{l_1}、q'_{l_2}，所以用公式（3-21b），對變量 q'_h 求一階偏導有：

$$\frac{\partial E[\pi_r]}{\partial q'_h} = p_h(q'_h) - w_h - c_r + p'_h(q'_h)q'_h = a_h - 2b_h q'_h - w_h - c_r \quad (3\text{-}22)$$

用公式（3-21b），對變量 q'_{l_1} 求一階偏導有：

$$\frac{\partial E[\pi_r]}{\partial q'_{l_1}} = p_l(q'_{l_1}) - (c_r + w_l) + p'_l(q'_{l_1})\left(q'_{l_1} + q'_{l_2} - \int_0^{q'_{l_2}} F(x)dx\right) \quad (3\text{-}23)$$

用公式（3-21b），對變量 q'_{l_2} 求一階偏導有：

$$\frac{\partial E[\pi_r]}{\partial q'_{l_2}} = [p_l(q'_{l_1}) - w_l - c_r] - [p_l(q'_{l_1}) - d]F(q'_{l_2}) \quad (3\text{-}24)$$

為了證明分散決策下，零售商存在最優的定購，我們需要看公式（3-21b）中各個變量的二階極值條件能否滿足。所以下面對公式（3-21b）中的各變量求二階偏導，首先對 q'_h 求二階偏導有：

$$\frac{\partial^2 E[\pi_r]}{\partial (q'_h)^2} = -2b_h < 0 \quad (3\text{-}25)$$

用公式（3-21b），對變量 q'_{l_1} 求二階偏導有：

$$\frac{\partial^2 E[\pi_r]}{\partial (q'_{l_1})^2} = 2p'_l(q'_{l_1}) = -2b_l < 0 \quad (3\text{-}26)$$

用公式（3-21b），對變量 q'_{l_2} 求二階偏導有：

$$\frac{\partial^2 E[\pi_r]}{\partial (q'_{l_2})^2} = -[p_l(q'_{l_1}) - d]f(q_{l_2}) < 0 \quad (3\text{-}27)$$

從公式（3-25）、（3-26）、（3-27）可以知道在分散決策下，零售商的最優定購量一定存在。通過令公式（3-22）左邊為零，可以得到：

$$q'_h = (a_h - w_h - c_r)/2b_h \quad (3\text{-}28)$$

命題 3-1：在分散決策下，零售商高端產品的定購量低於或者等於集中決策下高端產品的定購量。

證明：直接比較零售商在集中決策和分散決策下的最優定購量 q_h^* 和 q_h' 。

因為 $q_h^* = (a_h - c_h - c_r)/2b_h$, $q_h' = (a_h - w_h - c_r)/2b_h$ ，且根據模型假設 $w_h \geq c_h$ ，所以 $q_h' \leq q_h^*$ ，命題 3-1 得證。

命題 3-2：在分散決策下，零售商低端產品的定購量低於或者等於集中決策下低端產品的定購量。

證明：令公式（3-23）的左邊為零，可以求得分散決策下零售商對低端產品的最優訂貨量：

$$p_l(q_{l_1}') - (c_r + w_l) + p_l'(q_{l_1}')\left(q_{l_1}' + q_{l_2}' - \int_0^{q_{l_1}'} F(x)dx\right) = 0 \qquad (3\text{-}29)$$

由公式（3-29）可以得到：

$$\left(q_{l_1}' + q_{l_2}' - \int_0^{q_{l_1}'} F(x)dx\right) = [p_l(q_{l_1}') - (c_r + w_l)]/b_l \qquad (3\text{-}30)$$

為了求得集中決策下，零售商對低端產品的最優訂貨量，令公式（3-14）左邊為零，可以得到：

$$p_l - (c_l + c_r) + p_l'\left[q_{l_1} + q_{l_2} - \int_0^{q_{l_1}} F(x)dx\right] = 0 \qquad (3\text{-}31)$$

由公式（3-31）可以得到：

$$\left[q_{l_1} + q_{l_2} - \int_0^{q_{l_1}} F(x)dx\right] = [p_l - (c_r + c_l)]/b_l \qquad (3\text{-}32)$$

根據模型假設，知道不論是分散決策還是集中決策，低端商品的零售價都是常數 p_l ，加上 $w_l > c_l$ ，把這兩個條件帶入公式（3-31）和（3-32）可以得到：

$$q_{l_1} + q_{l_2} - \int_0^{q_{l_1}} F(x)dx > q_{l_1}' + q_{l_2}' - \int_0^{q_{l_1}'} F(x)dx \qquad (3\text{-}33)$$

從公式（3-33）可以看出在分散決策下零售商的訂貨量小於集中決策下的訂貨量，所以命題 3-2 得證。

3.4 模型協調

通過上面的分析，我們知道在分散決策下零售商的商品訂貨量小於集中決策下的訂貨量。比較公式（3-13）、（3-22）和（3-12）、（3-21b）容易得到，當 $w_h = c_h^*$ ，$w_l = c_l$ ，以及 $d = \nu$ 時，供應鏈可以協調。這是因為當滿足上述條件時，零售商在分散決策下的利潤函數與供應鏈在集中決策下的利潤函數是一樣的。這表明零售商賺取了所有的利潤，供應商的利潤為零，因此在現實生活中，這種協調方式很難得到企業的認可。為瞭解決這個問題，我們利用線性價格折扣共享契約 Linear price-discount sharing（PDS）[175] 來協調供應鏈。線性價格折扣共享契約就是線性批發價契約與回購契約的組合，它和一般回購契約的差別是它的批發價是一個線性函數，而一般的回購契約批發價是一個常數。

命題 3-3：分散決策下，如果供應鏈的契約參數滿足條件：$w_l = w^* - [c_r + \alpha(\bar{P}_l - p_l)]$，$w_h = (1-\alpha)c_h^* + \alpha p_h(q_h) - \alpha c_r$，$d = w_l - (1-\alpha)(c_l - \nu) + \alpha c_r$，供應鏈可以達到協調，且零售商和供應商可以任意的劃分利潤。

命題 3-3 中，低端商品的批發價 w_l 是零售商銷售價格的一個線性函數。其中 w^* 表示一個固定的值，且 $w^* = \alpha\bar{P}_l + (1-\alpha)(c_r + c_l)$，$\bar{P}_l$ 是零售商提供的任意一個參考批發價，α（$0 \leqslant \alpha \leqslant 1$）為一個常數，該批發價表明零售商每銷售一單位的低端商品，供應商就以價格 $c_r + \alpha(\bar{P}_l - p_l)$ 補償給零售商，這樣做的目的是增加零售商的定購量。d 是供應商提供給零售商的低端商品回購參數，它比線性批發價 w_l 要小一個確定的常數值 $(1-\alpha)(c_r - \nu) - \alpha c_r$。此外，由於高端產品是固定需求，所以只需要用簡單的線性批發價就可以協調。

證明：令零售商在分散決策下的定購量與集中決策下的定購量（q_h，q_{l_1}，q_{l_2}）一樣，然後把命題 3-3 中各個表達式帶入分散決策下，零售商的利潤函數公式（3-21b）有：

$$
\begin{aligned}
\max E[\pi_r] &= [p_h(q_h) - w_h - c_r]q_h + (q_{l_1} + q_{l_2})[p_l - w_l - c_r] \\
&\quad - [p_l - d]\int_0^{q_l} F(x)dx \\
&= [p_h(q_h) - (1-\alpha)c_h^* - \alpha p_h(q_h) + \alpha c_r - c_r]q_h + (q_{l_1} + q_{l_2}) \\
&\quad [p_l - [\alpha\bar{P}_l + (1-\alpha)(c_r + c_l) - c_r - \alpha(\bar{P}_l - p_l)] - c_r] - \\
&\quad [p_l - [\alpha\bar{P}_l + (1-\alpha)(c_r + c_l) - c_r - \alpha(\bar{P}_l - p_l) - (1-\alpha)(c_l - \nu) \\
&\quad + \alpha c_r]]\int_0^{q_l} F(x)dx = (1-\alpha)\max\pi(q_h, q_{l_1}, q_{l_2})
\end{aligned}
$$

由上面的證明可以看出，當滿足命題 3-3 時，零售商的最優定購量可以與集中決策時的最優定購量一樣。只不過此時，零售商得到整個供應鏈利潤的（$1-\alpha$）倍，而供應商則得到餘下的利潤 $\alpha\max\pi(q_h, q_{l_1}, q_{l_2})$。這說明在命題 3-3 下，供應鏈可以達到協調，且供應鏈能夠任意的劃分利潤。所以命題 3-3 的結論得證。

從命題 3-3 也可以看出，隨著高端產品的生產成本增加，那麼供應商會增

加相應的批發價 w_h，這是因為 $\partial w_h/\partial c_h^* = (1-\alpha) > 0$，這也符合一般的經濟常識。

此外，我們利用造勢因子 $\eta(P_h, \beta)$ 具有的性質 3 可以對市場上一些廠家的營銷行為做出一些解釋。從性質 3 可以發現高端產品的品牌價值對於造勢因子具有重要影響。對於市場上的那些小廠商來說，由於他們的產品知名度不高，所以其品牌價值 β 較小，根據假設 3 知道，此時的造勢因子值趨於零，所以此時，低端產品的需求曲線在這種情況下，與沒推出新品前的需求曲線基本沒有變化。換句話說，也就是小廠商也希望用高端產品來推動低端市場的話，基本行不通。再加上高端產品的研發需要大量的資金，這也是小廠商所難以承擔的。這也許就是為什麼在手機市場上，我們常見大廠商常用間接廣告的方式來推出新品，而小廠商很少採用的原因。

3.5 本章結論

研究表明：

①當供應商採用成本定價法時，如果成本滿足：$c_h^* = \dfrac{(m-1)a_h + mc_r}{2m(m-1)} + \dfrac{\mu a_l[p_l - (c_l + c_r)]b_h}{b_l(m-1)}$，則此成本為間接廣告下，供應商的最優成本。

②在分散決策下，零售商的高、低端產品定購量低於或者等於集中決策下相應產品的定購量。

③當 $w_l = w^* - [c_r + \alpha(\bar{P}_l - p_l)]$，$w_h = (1-\alpha)c_h^* + \alpha p_h(q_h) - \alpha c_r$，$d = w_l - (1-\alpha)(c_l - \nu) + \alpha c_r$ 時，則供應鏈可以達到協調，且在零售商與供應商之間，可以任意的劃分利潤。

3.6 本章小結

本章在多產品銷售條件下，研究了手機市場中一個有趣的現象：製造商在面對不確定性市場需求時，如何根據自己的市場影響力來決定自己的營銷策略。結論顯示：對於那些市場佔有率高的大公司來說，他們希望採用間接廣告方式，來提升低端用戶對自己品牌的心理價位，從而達到增加低端產品市場需求的目的。對於那些市場佔有率低的小公司來說，由於自身資金和技術實力的限制，一般採用低價廣告方式來銷售自己的產品。這樣做一方面能節省資金，另一方面通過直接廣告，消費者能直接感受到商品的好處。此外，對於那些採用間接廣告的供應鏈，供應商可以通過成本定價法，估算出新品的最優成本。並在此基礎上，利用線性價格折扣共享契約來協調供應鏈，而且還能在零售商和供應商之間任意劃分利潤。

由於本書的研究結果能夠很好地解釋手機市場中的間接廣告現象，並用價格折扣共享契約協調了多產品銷售的供應鏈，所以該結論對於多產品供應鏈的理論研究和實際生產有重要的指導意義。

第四章　供應鏈應急機理研究

在第二章和第三章，我們對常規不確定性下的供應鏈契約機制作了相關研究。由於常規不確定性可以預測，所以能夠得到不確定性事件的分佈，進而借助合理的契約，供應鏈可以從整體最優的角度，減少風險，刺激訂貨，從而達到提高供應鏈整體績效的目的。本章和下一章將在異常不確定性下對供應鏈應急展開研究。由於異常不確定性不可預測，該類事件的分佈難以通過建模來刻畫，對這類事件應以預防和動態監控為主。本章將借用非線性動力學中，研究流體同步的方法，探討供應鏈應急事件發生時所遵循的某些內在規律，以追根溯源，認清本質，從而加強對應急事件的防範和預測，並為後續的應急研究提供更多的理論支撐。

4.1　引言

現實生活中，能夠預測並不是常態。市場有時會因為一些偶然事件的影響，而發生劇烈的波動。這些偶然事件難以預測，而它們對供應鏈造成的損失也難以估計。在供應鏈的範圍內，供應鏈應急事件是這些偶然事件中最為重要的一種，它表現出強烈的異常不確定性特徵，即難以預測，且危害巨大。正是由於它具有這樣大的危害性，所以本章希望從供應鏈應急事件的發生機理著手，發現供應鏈應急事件所遵循的固有邏輯和規律。

通常來說，供應鏈應急事件就是發生在供應鏈中的突發事件。目前中國將突發事件分為：自然災害、事故災害、公共衛生事件以及社會安全事件等。雖然它們種類繁多，涉及面廣，但是這些突發事件都會遵循一些內在的規律和機理。

根據計雷（2006）[120]的研究，並結合供應鏈自身的特點，我們認為供應鏈應急事件具有如下規律：①突發性和信息高度缺失性。也就是說應急事件發生突然，造成信息高度缺失，救助人員難以及時地採取應對措施，從而無法實現對資源的協調調度；②表現形式多樣化。由於供應鏈是由多個節點企業形成的網狀結構，它的每個節點都涉及物流、資金流和信息流這三種流體，因而任何一個節點的任何一種流體發生中斷都有可能引起供應鏈應急事件；③在供應鏈應急事件發生期間，系統固有的運作週期被打亂。表現為供應鏈中物流和資金流斷鏈，信息共享基本中斷，產銷嚴重脫節；④應急事件造成商品的需求波動極大，但具體的需求特徵要根據當時應急事件的情況才能確定。例如非典事件造成國內好多藥店的呼吸道藥品脫銷，產品需求量急遽增加；而豬鏈球菌感染事件造成人們對豬肉的恐慌，轉用其他替代商品，造成豬肉需求在短時間內嚴重下降；⑤波及面廣，容易引發連鎖反應。由於供應鏈應急事件會遵循這些內在的規律，所以只要通過機理分析，就能找出應急事件孕育的源頭，從而發現其運行的趨勢和規律，以便在供應鏈應急事件的管理中取得主動地位。

由於供應鏈的應急管理是一個新興的研究課題，所以目前學術界對供應鏈應急管理還沒有一個普遍認同的涵義，但已有少數學者開始進行相關研究。Qi、Bard（2004）[127]研究了報童環境下的兩階段供應鏈，當實際需求與生產計劃發生偏差時，供應鏈應急的協調問題。研究表明：對於很多短生命週期的商品銷售，完全的市場信息很難獲得。由於供應商常在明確需求信息前，就制定出生產計劃。但當供應商獲得確切的需求信息後，又發現自己的生產計劃與實際需求出現了偏差。如果供應商想滿足市場需求制訂新的生產計劃，就必然帶來額外的偏差費用。文中給出在線性需求函數發生波動的情況下，供應鏈如何利用數量折扣契約來應對突發事件。Xu、Qi（2003）[128]研究了在市場需求與零售價格為非線性的情況下，需求發生擾動時，供應鏈如何用批發價數量折扣聯合契約來協調供應鏈。國內的學者於輝、陳劍（2005[134]；2006）[135]研究了如何用數量折扣合同和批發價合同應對供應鏈的突發事件。從上述文獻和一些已有的應急管理措施——如美國國土安全部、武漢城市應急管理聯動系統等，可以得到如下啟示：第一，供應鏈應急管理的客體是應急事件，主體是供應鏈企業，它的本質是在一定約束條件下，供應鏈企業能充分地利用各種有效信息，對資金流和物流進行及時、有效的配置，使其發揮最大效益，從而把突發事件造成的傷害和損失降到最低；第二，上述文獻基本上都是研究突發事件發生後，供應鏈應該採取何種策略來消除事後的不利影響，但它們都沒有探討供應鏈應急事件的發生機理，也就是突發事件發生、發展、衍生及其擴散的規律。

基於以上分析，本書將主要針對啟示的第二點，重點探討供應鏈應急事件的發生機理。因為只有從源頭上認清供應鏈應急事件發生的一般規律，才能對應急事件進行有的放矢，從而高效及時地實施供應鏈應急管理。基於此，本書採用逆向思維的方式，即不直接分析供應鏈應急事件本身，而是從它的對立面著手，分析一個以銷售副食品為主的供應鏈，觀察它是如何隨著銷售週期變化而正常運轉，並建立相應的動態模型，最後通過調整模型參數來研究供應鏈應急事件發生的規律。

本章結構：第一節首先對供應鏈應急事件的研究文獻進行了簡單的概述；第二節利用流體同步的方法，構建供應鏈應急事件發生機理模型，通過對供應商與零售商運作相位圖的分析，得到供應鏈保持運作協調與發生應急事件的區間，並給出了應急事件持續時間的估算方法；第三節是本章的相關結論；第四節是本章總結。

4.2 供應鏈應急事件發生機理模型

為了探究供應鏈系統中應急事件發生的機理，本節運用非線性動力學中研究流體同步的方法，建立了供應商和零售商在多週期銷售中運作協調的動態模型。該模型從定量的角度描述了供應商和零售商從運作協調到發生應急事件的全過程，並給出了應急事件持續時間的求解方法。

4.2.1 模型假設

模型引用了 Ermentrout（1984）[179]、Ermentrout（1991）[180] 和 Steven（1994）[181] 關於螢火蟲同步外界刺激的發光模型。該模型描述了一只螢火蟲在一個密閉的圓形黑盒子裡，如何調節自身的發光頻率和速度，以便跟上前方運動的閃爍光點，使兩者的運動趨於同步。雖然這是一個關於流體運動的動態模型，但它和本書的研究問題有很多相似的地方。在供應鏈系統中，供應商就像一只螢火蟲，而零售商發送的需求信號就像前方閃爍的光點。供應商必須根據零售商的需求變化來調節自己的產品供應，使雙方的供銷運動趨於同步，從而保持整個系統的運作協調。

本節有一個重要概念：供應鏈的運作協調。其定義如下：在供應商生產能力允許的範圍內，如果其供貨速度能在某一限定的時間範圍內與零售商的需求信號同步，並始終滿足零售商的需求，就稱此時供應鏈處於運作協調狀態，否則供應鏈進入失調期。當市場上銷售此類商品的供應鏈出現大面積的失調，就稱市場上出現了供應鏈應急事件。

我們考慮由一個供應商和一個零售商組成的供應鏈系統。它具有如下假設：

假設 1：由於零售商銷售的商品不能長期儲存，供應商選擇了和零售商位置相近的地方安置公司，以便根據零售商的銷售情況及時地補充貨源。因此供應商的送貨提前期（leadtime）非常短，可近似地認為是零。

假設 2：供應商的生產能力有限，其日產量可以在一定範圍內根據零售商的銷售情況進行調整。

假設 3：供應商和零售商有長期合作的願望，並以年為單位來簽訂雙方的銷售契約。

上述模型假設與目前國內快餐店和銷售副食品為主的大型超市非常吻合。由於食品是易腐蝕商品，庫存不能過多。因此零售商和供應商都願意把公司選在相互靠近的地方，一方面可以降低配送成本，另一方面便於及時補充貨源。此外，由於各地區的顧客有相對穩定的消費習慣，所以儘管庫存不多，生產能力也有限，但只要掌握了消費者的規律，供應鏈一般都能正常營運。除非市場需求突然發生巨變，食品的銷售才會出現短缺或過剩。在模型中，還假設供應商和零售商有長期合作願望，並以年為單位簽訂銷售契約。這也是副食品供應鏈中常用的簽約方式，它除了能降低雙方的交易成本外，還能降低不確定性帶來的市場風險。從長期來看，供應商和零售商之間的契約就構成了一個以年為單位的多週期銷售活動。

4.2.2 模型構建

零售商的週期性需求信號 $\varphi(t)$ 滿足式（4-1）：

$$\dot{\varphi}(t) = \sigma \tag{4-1}$$

在式（4-1）中 $\dot{\varphi}(t)$ 表示零售商發送需求信號的速度，當 $t = 0$ 時表示零售商根據協議速度 σ 啓動一個新的銷售週期。

此外，用 $\dot{\theta}(t)$ 代表供應商的供貨速度。在沒有考慮市場需求信號的情況下，供應商的生產週期滿足 $\dot{\theta}(t) = \omega$ 。在考慮市場需求信號後，供應商將按照下面規則來回應市場需求信號：如果零售商發出的需求信號先於供應商的行動，那麼供應商應該加快行動；如果供應商的行動先於零售商的信號，那麼供應商應該減慢自己的行動；如果雙方運作速度一樣，則保持原態。根據上述規則，可以得到在考慮市場需求信號下，供應商的週期性運作模型：

$$\dot{\theta}(t) = \omega + k\cos(\varphi(t) - \theta(t)) \tag{4-2}$$

在式（4-2）中，$k(k > 0)$ 是一個調節供應商運作速度的參數，它和市場需求量負相關。如果市場的需求量越小，供應商的備貨時間就越短，那麼他的運作速度就會越快，k 也就越大；反之當市場需求量過大，供應商的備貨時間就會加長，那麼他的運作速度就會減慢，k 也就變小了。至於 $\varphi(t) - \theta(t)$ 的經濟解釋如下：如果 $(0 < \varphi(t) - \theta(t) < \pi/2) \cup (3\pi/2 < \varphi(t) - \theta(t) < 2\pi)$ 時，那麼表示 $(\dot{\theta}(t) > \omega)$，也就是零售商的市場信號先於供應商的行動，此時供應商應該加快自己的行動速度；反之當 $(\pi/2 < \varphi(t) - \theta(t) < 3\pi/2)$ 時，那麼表示 $(\dot{\theta}(t) < \omega)$，零售商發出的市場信號就落後於供應商的行動，此時供應商應該減慢自己的行動速度。

為了求解模型，令 $\alpha(t) = \varphi(t) - \theta(t)$，然後用公式（4-1）減公式（4-2）可以得到：

$$\dot{\alpha}(t) = \dot{\varphi}(t) - \dot{\theta}(t) = \sigma - \omega - k\cos\alpha(t) \tag{4-3}$$

為了對式（4-3）進行無量綱化，可以引入式（4-4a）、（4-4b）的變量，其中 η 為運作協調因子：

$$\tau = kt \tag{4-4a}$$

$$\eta = \frac{\sigma - \omega}{k} \tag{4-4b}$$

把式（4-4a）、（4-4b）帶入式（4-3）化簡，可以得到：

$$\alpha(t)' = \eta - \cos\alpha(t) \tag{4-5}$$

此處的 $\alpha(t)'$ 滿足條件：$\alpha(t)' = d\alpha(t)/d\tau$。

求解式（4-5）可以得到不動點 $\alpha(t)^*$，它滿足式（4-6）：

$$\cos(\alpha(t)^*) = \frac{\sigma - \omega}{k} \tag{4-6}$$

4.2.3 模型分析

從式（4-4b）可以看出，運作協調因子 η 的主要作用是衡量供應商與零售商的運作速度差異，其值的大小反應了系統恢復同步的能力。若 η 值很小，則表明供應商與零售商運作速度差異非常小，那麼供應鏈恢復同步的能力就比較強；反之，若 η 值較大，則供應鏈恢復同步的能力就比較弱。當 η 超過一個極限值時，供應商和零售商的運動完全處於失調狀態，此時供應鏈應急事件就發生了。具體的討論見圖 4-1 至圖 4-4：不同條件下的供應商與零售商運作相位圖。

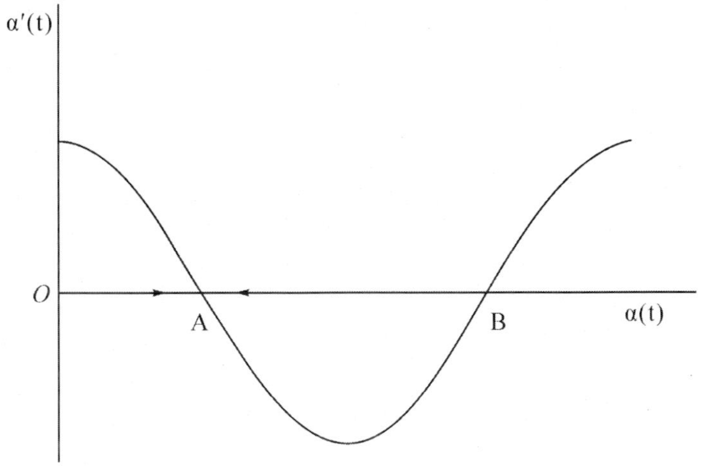

圖 4-1　$\eta = 0$，供應商與零售商運作相位圖

在圖 4-1 中，$\eta = 0$，所有的軌道都指向穩定的不動點 A，它滿足 $\alpha(t)^* = 0$。此刻的供應商和零售商始終是同步的，而且他們滿足式子 $\sigma = \omega$。這種狀態是我們希望的一種理想運作協調狀態，它表示：只要零售商一發出市場需求信號，供應商就會立刻按照需求進行供貨，而且雙方的運作速度始終一樣，沒有任何的延遲。但這種狀態在現實生活中非常的少見，因為信號的傳遞和貨物的傳送總是要花費一些時間。所以常見的運作協調是圖 4-2 所描述的情形。

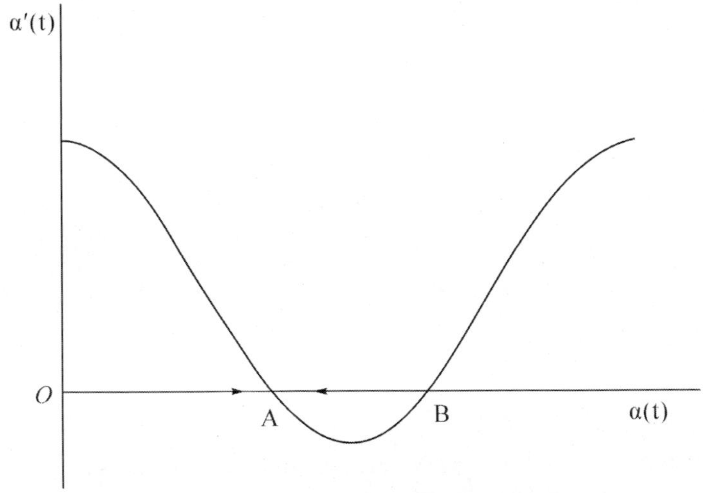

圖 4-2　$0 < \eta < 1$，供應商與零售商運作相位圖

在圖 4-2 中，由於 $0 < \eta < 1$，它相當於圖 4-1 整體上移 η，此時系統中

穩定的不動點 A 與不穩定點 B 之間的距離變近了。所有的軌道都指向穩定的不動點 A，此時 $\alpha(t)^* > 0$ 是一個常數，它的值為 $\alpha(t)^* = \arccos((\sigma - \omega)/k)$。圖 4-2 可以解釋這樣一種經濟現象：在現實生活中，只要零售商按照事先的約定及時訂貨，供應商一般都能按時把貨物送給零售商，而且此時零售商發送需求信號的速度 σ 通常要比供應商的速度 ω 快一些，且它們之間的差值為一個小於 k 的常數。圖 4-2 中的供應鏈也處於運作協調狀態。

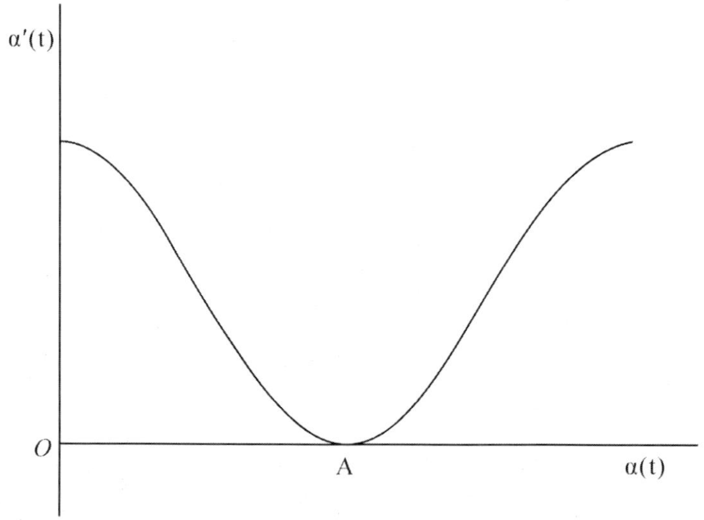

圖 4-3　$\eta = 1$，**供應商與零售商運作相位圖**

在圖 4-3 中，由於 $\eta = 1$，系統的穩定不動點和不穩定不動點合二為一，此時系統出現鞍節點分岔。它表明系統的運作處於一個臨界狀態，市場的任何微小擾動，都會導致一個隨機的結果：供應商有可能與零售商的需求信號同步，也可能失調。

在圖 4-4 中，由於 $\eta > 1$，所以此刻的不動點消失，此時供應鏈處於完全失控的狀態。如果市場上大多數的供應鏈都處於失控狀態，那麼市場上就發生了供應鏈的應急事件。

通過上面的分析，可以得到以下命題：

命題 4-1：當運作協調因子（$0 \leqslant \eta < 1$）時，系統都能同步，而且即使雙方的速度差有微小的波動，系統也能自動恢復到同步的狀態。

證明：當運作協調因子（$0 \leqslant \eta < 1$）時，根據相位圖 4-1 和 4-2，知道此時的系統有穩定的不動點，所以即使雙方的速度差有微小的波動，也會最終被拉回穩定不動點的位置，因此系統具有自動恢復同步的能力。

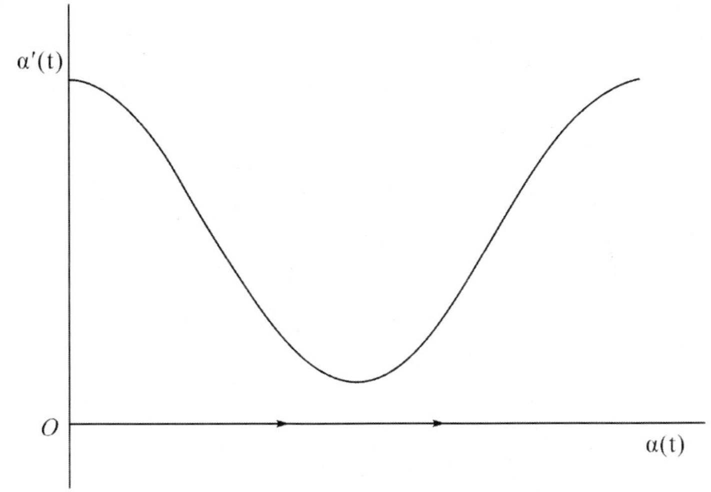

圖 4-4　$\eta > 1$，供應商與零售商運作相位圖

命題 4-2：當參數滿足：$\omega - k \leqslant \sigma \leqslant \omega + k$ 時，供應鏈處於運作協調狀態。

證明：利用命題 4-1 的結論，並結合式（4-3）來求解供應鏈的運作協調區間。

令式（4-3）左邊為零，通過整理，可以得到：

$$\sigma = \omega + k\cos\alpha(t) \tag{4-7}$$

根據餘弦函數的性質，可以得到協調區間為：

$$\omega - k \leqslant \sigma \leqslant \omega + k \tag{4-8}$$

供應商的供貨速度只要滿足式（4-8），供應鏈都能處於運作協調狀態。

命題 4-3：當 $\eta > 1$，供應鏈發生了應急事件，此時可用鎖相技術來預測應急事件的持續時間 T_d。

證明：由於在圓周上運動，所以供應商和零售商的相位差最大不過是 2π，因此取 2π 作為預測應急事件持續時間的積分區間，可以得到式（4-9a）：

$$T_d = \int_0^{2\pi} \frac{dt}{d\alpha(t)} d\alpha(t) \tag{4-9a}$$

$$= \int_0^{2\pi} \frac{d\alpha(t)}{\sigma - \omega - k\cos\alpha(t)} \tag{4-9b}$$

從式（4-9b）中，不難看出，由於 k 和 ω 都是供應鏈系統固有的確定性參數，因此只要知道了 σ 的值，就可以用數值法近似地算出應急事件的持續時間 T_d。這為供應鏈企業進一步協調資源間的調度提供了理論依據。

命題 4-3 的作用有兩個：①給供應鏈提供了一個粗略的計算持續時間的方法；②為我們較為精確地計算持續時間提供了一個可行的思路：如果想較為精確地計算出應急的持續時間，最為關鍵的因素就是尋找圓周運動的積分區間，而這個積分區間只要通過持續的觀測和監控是有可能得到的，這從一個側面表明應急事件發生時，持續地觀察與獲取相關數據的重要性。

此外由於時間具有可加性，因此即使供應鏈發生應急事件時，應急事件的強度不是常數，只要能得到一些分段的積分區間，我們也都可以利用式（4-10b）計算出相應的應急持續時間。

$$T_d = \int_{\alpha_1}^{\alpha_1'} \frac{dt}{d\alpha_1(t)} d\alpha_1(t) + \cdots + \int_{\alpha_n}^{\alpha_n'} \frac{dt}{d\alpha_n(t)} d\alpha_n(t) \tag{4-10a}$$

$$= \int_{\alpha_1}^{\alpha_1'} \frac{d\alpha_1(t)}{\sigma_1 - \omega - k\cos\alpha_1(t)} + \cdots + \int_{\alpha_n}^{\alpha_n'} \frac{d\alpha_n(t)}{\sigma_n - \omega - k\cos\alpha_n(t)} \tag{4-10b}$$

在式（4-10b）中，$(\alpha_1, \alpha_1')\cdots(\alpha_n, \alpha_n')$ 對應不同強度應急事件的積分區間，$\sigma_1 \cdots \sigma_n$ 對應在不同強度應急事件中，各自零售商發送需求信號的速度。由於這些數據都可以通過持續的觀察得到，所以即使供應鏈在發生應急事件期間，事件的強度發生變化，導致我們得到一些分段的積分區間，也能通過式（4-10b）對之做相應的處理。

4.3 本章結論

研究表明，系統發生應急事件與運作協調因子 η 有關：

①當 $0 < \eta < 1$ 時，系統處於運作協調狀態，即使供需雙方受到外界的微小擾動也能夠自動地恢復同步。

②當 $\eta = 1$，系統處於一種臨界狀態，任何的微小擾動都會導致一個不可預測的結果。

③當 $\eta > 1$，系統處於失控狀態，此時發生供應鏈應急事件。

④供應鏈的運作協調區間為：$\omega - k \leqslant \sigma \leqslant \omega + k$。

⑤如果供應鏈發生了應急事件，系統可以預測應急事件的持續時間 T_d。

4.4 本章小結

本章利用非線性動力學中關於流體同步的方法研究了供應鏈的應急機理。

研究表明，通常供應鏈都具有一定的冗餘能力，所以在一定的運作範圍內供應鏈能夠保持協調。但是當供應商和零售商的運作速度超過一定的範圍，雙方的運作將會發生失調現象，如果市場上大部分的供應鏈都發生這種現象，就會導致供應鏈應急事件的發生。一旦發生了應急事件，可以利用鎖相技術來預測應急事件的持續時間，這為進一步開展供應鏈應急管理打下基礎。

第五章　基於新消費者行為理論的供應鏈應急預案研究

第四章運用非線性動力學中，關於流體同步的知識研究了供應鏈應急事件的發生機理，以探究供應鏈應急事件固有的發生、發展及其演化的規律，為加強防範及進一步開展供應鏈應急管理打下基礎。而由於供應鏈應急事件具有非常顯著的異常不確定性特點：難以預測，事件可能發生，也可能不發生，而一旦發生會引起重大的損失。因此，在應急管理中，要想把供應鏈應急事件造成的損失減到最小，除了平時積極加強預防外，還應該制定一些供應鏈應急預案，即通過信息分析，預測事物發展的趨勢，識別可能帶來的威脅，並對這些情況制定相應的預備性處置方案。本章基於新消費者行為理論和應急事件分級管理思想，提出供應鏈應急事件的動態管理預案，並給出了求解應急損失的新方法。

5.1　引言

近年來，各種突發事件頻繁發生。這不僅給人民群眾的生活和工作帶來巨大困難，而且也給國民經濟的可持續發展造成很大的負面影響。面對這些突如其來的災害，除了採取積極、合理的應對措施外，還應該積極地反省自身工作中的薄弱環節。特別是地方政府與供應鏈企業普遍缺乏一種對突發事件的防範意識。因此他們即便能發現一些應急事件的前兆信號，也因沒有合適的災害評估手段，所以很難及時地啓動應急預案，從而給國家和個人造成重大的損失。這些問題都是現階段社會和供應鏈企業急需解決的問題。由於供應鏈應急預案管理是供應鏈應急管理的一個重要分支，雖然學術界對於它的研究還沒有一個確切的認定，但是已有一些學者對此開始進行相關研究。

首先，從預案管理的情況來看，目前的研究主要集中在以下三個方面：

①突發事件和預案管理的分類以及分級方法研究。吴宗之（2003）[182]對重大事件的應急預案管理做了很好的綜述和展望。楊靜（2005）[183]從系統角度對突發事件的分類、分級進行了總結，提出了對突發事件進行動態分類的思想和研究框架，研究表明：通過把聚類分析和判斷分析的方法引入應急事件的評估中，大大地減少了人為的主觀誤判。姚杰、池宏（2005）[184]通過利用帶潛變量的結構方程模型建立了事件與機構之間的定量模型，從而為進一步評估機構的應急績效與指標提供了依據。②研究應急預案中樣本的選擇問題。Jenkins（1999，2000）[185-186]運用情景規劃法對災難事件的樣本選擇做了一些有益的嘗試。③研究應急預案的動態調整問題。突發事件應急管理的一個重要特徵和主要難點，在於突發事件的管理者必須根據階段性的處理結果和突發事件的發展趨勢動態地調整管理活動。姚杰、計雷（2005）[187]運用動態博弈的框架分析了突發事件應急管理中「危機事件」與「管理者」之間的動態博弈過程，並探討了應急預案的制定與動態調整方法。

其次，從供應鏈應急的研究情況來看，目前主要側重於用契約手段來協調供應鏈中的應急事件。Xu 和 Gao（2005）[129]對需求發生擾動下的供應鏈協調問題進行了研究。不過他們假設需求與價格為線性關系，但生產成本是產量的凸函數。研究表明：供應商在瞭解到實際的需求信息後，可以通過實際的需求變化方式來設定批發價，以此在新的環境下獲得最優的定購量和零售價格，並使供應鏈協調。Sun 和 Yu（2005）[188]研究了當供應商的生產成本發生擾動時，用收益共享契約來協調供應鏈，並給出了供應鏈的最優應急策略。國內學者於輝（2005）[134]研究了在兩節點供應鏈中，在需求發生擾動時，如何用數量折扣契約協調突發事件所造成的擾動。接著於輝、陳劍（2005，2006）[50，135]又運用回購契約、批發價契約對突發事件下供應鏈的協調做了進一步研究，並提出了一些新的具有抗突能力的契約。直到最近，於輝、陳劍（2007）[164]開始嘗試用局内決策的方法構建供應鏈企業的應急預案，開創了供應鏈應急預案研究的先河，並通過引入「競爭比」來刻畫預案的有效性。研究表明：在預案管理中引入援助協調機制有可能使企業間在應對突發事件上取得啓動時機上的協調。這是目前為數不多的關於供應鏈應急預案管理的文獻。

從上述文獻可以看出，整個供應鏈的應急預案研究還處於起步階段，尤其對作為預案啓動信號的供應鏈應急損失值的定量研究還比較匱乏。這主要有兩方面的原因：從主觀上講，對供應鏈應急的本質和規律認識還不夠深入，因此很難用定量模型來刻畫供應鏈在應急中遭受的損失；從客觀上講，由於供應鏈是以核心企業為中心，通過信息流、物流、資金流的協調，把供應商、製造商、分銷商、零售商連成一體的企業聯盟，個體企業間的影響較大。因此供應鏈的應急管理和一般企業應急有很大的不同。想用先評估個體企業損失再評估供應鏈總體損失的做法基本行不通，這就需要尋找新的評估應急損失的方法。

針對上述的不足，本書轉換思路：沒有直接從應急事件中個體利潤損失來確定聯盟的損失，而是把供應鏈看作一個整體，從它的利潤源頭——消費者入手，通過確定消費者在應急事件中的利潤損失，從而間接地評估了整個供應鏈遭受的損失，最後把這個損失值作為啓動供應鏈應急預案的基準信號。

論證結構：首先引入新消費者函數[189]，並在此基礎上引入時間、應急事件的種類、強度等變量，來構建消費者在應急事件下的期望效用模型。然後，根據時間分配理論來計算消費者的應急損失。最後通過受災人群的分佈與消費者的損失計算出整個供應鏈的期望損失，並把此值與預案的啓動閥值進行比較，從而確定供應鏈預案的啓動時機。

5.2 在應急事件下的新消費者模型

在傳統的新古典經濟框架中，人們把消費者和生產者進行完全的兩分。這導致在新古典經濟學中，所有的消費者只能進行消費，他們從企業那裡購得一切物品，他們不需要生產，也就不需要考慮時間的價值。而在應急事件下，這種情形將有所改變。這是因為供應鏈應急事件具有高度的不確定性和破壞性，所以時間的機會成本對於消費者來說，可能極其昂貴。在應急期間，如果他們不能合理地支配自己的時間，很可能在未來遭受嚴重的損失。這些損失的形式多樣：有可能是期望收益的下降，也可能是個人健康的損害，甚至可能失去自己的生命。因此消費者在應急情況下必須要考慮時間的價值。基於此，我們在供應鏈的應急預案管理中引入新消費者函數，以考察時間在供應鏈應急環境下對消費者效用的影響。

新消費者函數與傳統消費者函數的最大區別在於，消費者不再僅僅具有消費的功能，他是一個消費者與生產者的聚合體。在應急事件發生期間，他們除了工作與消費時間外，一個很重要的任務就是利用休息時間去收集相應的應急品。這個過程與我們通常的購物消費有很大區別。因為通常的購物對時間要求不是那麼嚴格，而在應急過程中，消費者對應急品的購買及生產過程對時間的要求很嚴格，如果不及時處理，他們很可能遭受重大的損失。這個差別在我們的函數中，通過時間也能創造價值表現出來。

模型中的變量說明及基本假設：

假設 1：K 代表應急事件的種類。

假設 2：S 代表應急事件的強度。

假設 3：由於不同種類、強度的應急事件對消費者造成的損失不一樣，所以我們對應急事件先按種類（K）進行劃分，其中 k 可以取不同的值，代表不同的應急事件，本書假設應急事件種類為固定值 k；接著在同一種類中按應急事件強度（S）遞增的順序進行排列。

例：在同一種類的應急事件中，應急強度滿足 $(s_2 > s_1)$。

假設 4：假設應急地區（以下簡稱應急區）受災人群的密度函數為 $f(x)$，分佈函數為 $F(x)$。

假設 5：在應急區的受災者代表了該區個人的平均收入和消費水平。此外，用貨幣函數 $L(Z_1, Z_2, \cdots Z_n, k, s_i)$ 表示消費者沒有充分利用應急時間而遭受的損失，且假定所有災民遭受的損失都是同質的。

假設 6：在同種類的應急事件中，如果事件的強度越大，代表對應的應急事件造成的損害也就越大。此外，假設 $M(k, s_i)$ 為供應鏈在應急事件 i 下相應的供應鏈應急預案閥值，當供應鏈中沒有應急事件發生時，則令 $M(k, s_0) = 0$。

例：根據假設在本節中的應急事件 2 用 (k, s_2) 表示，應急事件 1 用 (k, s_1) 表示。根據假設 3 和假設 6，可以知道：應急事件 2 造成的損失比應急事件 1 大。

假設 7：「正常的」應急品 i 在應急事件 2 下的價格大於應急事件 1 的價格 $P_i(k, s_2) \geqslant P_i(k, s_1)$。

假設 8：消費者在應急情況下，生產應急品滿足 $q_j \equiv \theta_j(k, s_i)Z_j$，其中 $\theta_j(k, s_i)$ 表示：在應急事件種類為 k，強度為 s_i 時，市場商品 q_j 轉化為消費者生產品 Z_j 的成功率。在應急種類 k 一定，$s_2 > s_1$ 的條件下，令 $\theta_j(k, s_2) < \theta_j(k, s_1)$。也就是說應急事件的強度越大，消費者生產應急品的概率越低，這也符合一般的社會常識。

假設 9：假設消費者總的可支配時間為：$T = T_c + T_w$。在應急情況下，消費者在應急品 j 上花費的應急時間 $T_j(k, s_i)$ 僅與正常情況（沒發生應急事件）下的消費時間 T_c 有關，而與工作時間 T_w 無關。消費者總的應急時間可以表示為：$\sum_{j=1}^{n} T_j(k, s_i) = \sum_{j=1}^{n} \alpha(\theta_j(k, s_i))T_c$，其中 $0 \leqslant \alpha(\theta_j(k, s_i)) \leqslant 1$，其中 $\alpha(\theta_j(k, s_i))$ 表示：在應急事件種類為 k，強度為 s_i 的情況下，生產應急品 j

所需應急時間占用正常消費時間 T_c 的比例（簡稱應急時間占用比），它是應急品轉換率 $\theta_j(k, s_i)$ 的函數，假設應急時間占用比是應急品轉換率的減函數，也就是說應急事件的強度越大，消費者生產應急品的概率越低，那麼他為了減少損失，就需要花費更多的時間搜尋和生產應急品。

上面的假設 1~假設 4 都很容易理解。

假設 5 是我們用一個貨幣函數來表示消費者在不同級別和強度應急事件下遭受的損失。

假設 6 是根據常理來設定的，因為一般的災害都是強度越大，那麼它的破壞力就越大，受災人遭受的損失也越大。例如地震這種自然災害，就是震級越大，那麼災民遭受的損失也就越嚴重。

假設 7 中的「正常的」應急品，是為了限定研究範圍，一般來說由於應急事件導致難以獲得的商品，基本都屬於我們研究的「正常的」應急品。而「正常的」應急品由於應急事件的發生導致其資源稀缺性增加，從而引發價格上漲也是一種普遍現象。比如「SARS」病毒因破壞呼吸道，導致人們大量地搶購呼吸道藥品，引起呼吸道藥品價格普遍瘋漲。此外，假設 7 也排除了應急品是「壞的」的情況，如食品變質或污染等就屬於這種情況，例如：2008 年發生的三聚氰胺牛奶污染事件，從而致使牛奶價格大幅度縮水，就不屬於本節的研究對象。

根據傳統的理論，消費者通過選擇相關的產品，可以使自身的效用函數最大化，它的效用函數形如：

$$U = U(q_1, q_2, \cdots q_n) \tag{5-1}$$

其資源的受限條件為：

$$\sum_{j=1}^{n} p_j q_j = I = W + V \tag{5-2}$$

公式（5-2）中，q_j 為一個向量，它表示在正常情況下，消費者從市場上購買第 j 種商品的數量，p_j 為正常情況下相應商品的價格向量，I 表示消費者在正常情況下的貨幣總收入，W 表示其工作報酬，V 表示其他收入。為了理解時間在供應鏈應急預案管理中的價值，本書引用了貝克爾的新消費者函數。但與其不同的是，我們還加入了應急事件的種類與強度這兩個變量，以考察應急情況下消費者的行為變化對自身利潤的影響。

在應急情況下，時間不僅被消費者用來消費，也被用來搜尋應急品——以減少未來的損失。因此，它間接地創造了價值。由於時間的機會成本發生變化，引起消費者的身分也隨之改變。他們從單一的消費者，變為身兼兩職：既是消費者，又是應急品的生產者。因為消費者必須根據應急事件的種類和強度，綜合利用市場產品與時間要素，生產出更為基本的應急品，並把它們納入自己的效用函數，才有可能減少自己的損失，增加效用。例如，搜尋應急品可以看成消費者在該情形下生產的應急商品，該商品不僅取決於市場提供的產品，也取決於消費者，應急事件的種類、強度，以及搜尋時間等要素。用 Z_k 來表示該生產函數：

$$Z_j = f_j(q_j, \ T_j(k, \ s_i)) \tag{5-3}$$

公式（5-3）中，$T_j(k, \ s_i)$ 表示消費者花費的應急時間。該函數反應了消費者在應急情況下角色的轉變。消費者通過生產函數 f 生產出基本的應急品 Z_j，並選擇最優的應急品組合，從而使自身的效用最大化：

$$U = U(Z_1, \ Z_2, \ \cdots Z_n) \tag{5-4a}$$

$$= U(f_1, \ f_2, \ \cdots f_n) \tag{5-4b}$$

$$= U(q_1, \ \cdots q_n; \ T_1(k, \ s_i) \cdots T_n(k, \ s_i)) \tag{5-4c}$$

此外，公式（5-4c）中的生產函數 $T_j(k, \ s_i)(j = 1 \cdots n)$ 可以進一步地轉化為下面的恒等式：

$$T_j(k, \ s_i) \equiv t_j(k, \ s_i) Z_j \tag{5-5}$$

在公式（5-5）中，$t_j(k, \ s_i)$ 表示消費者在應急情況下，生產每單位應急消費品 Z_j 需要的時間投入量。

如果用 $\tilde{W}_w$ 表示消費者每單位工作時間的報酬，且假設它是一個常數，那麼消費者的工作薪酬可以表示為：

$$W = \tilde{W}_w T_w \tag{5-6}$$

由於消費者可支配的時間是由工作時間 T_w 和消費時間 T_c 構成，且根據假設 9，容易知道應急時間 $T_j(k, \ s_i)$ 僅是消費時間的一部分，所以可以把公式（5-5）、（5-6）代入公式（5-2），得到公式（5-4c）的唯一的約束條件：

$$\sum_{j=1}^{n} (p_j \theta_j(k, \ s_i) + \tilde{W}_w t_j(k, \ s_i) / \alpha(\theta_j(k, \ s_i))) Z_j = \tilde{W}_w T + V \tag{5-7a}$$

$$= F(k, \ s_i) \tag{5-7b}$$

在公式（5-7b）中，$F(k, \ s_i)$ 表示在應急情況下，消費者充分利用應急時間、工作時間以及其他資源所獲取的貨幣收入，不妨稱之為「應急情況下的充分收入 $F(k, \ s_i)$」。因此，該收入即可以直接通過消費者生產的應急品 $\sum_{j=1}^{n} p_j \theta_j(k, \ s_i) Z_j$ 支出，也可以間接地通過放棄生產應急品，轉而消費應急時間，以 $\tilde{W}_w t_j(k, \ s_i) / \alpha(\theta_j(k, \ s_i)) \ Z_j$ 而支出。

在公式（5-7a）中，左邊 Z_j 的系數可以看成消費者生產應急品的價格，它可以表示為下式：

$$P_j(k, s_i) = p_j\theta_j(k, s_i) + \tilde{W}_w t_j(k, s_i)/\alpha(\theta_j(k, s_i)) \qquad (5-8)$$

從公式（5-8）中，可以看出消費者生產應急品的價格由兩部分組成，第一部分與應急品相對應的商品正常價格 p_j 和應急品轉換率 $\theta_j(k, s_i)$ 有關；第二部分與消費者每單位工作時間的報酬 $\tilde{W}_w$ 、應急時間占用比以及單位應急消費品 Z_j 需要的時間投入量有關。

5.3 模型分析

命題 5-1：隨著應急事件強度的增加（$s_2 > s_1$），消費者花費在應急物品上的時間也會增加。

證明：用應急事件 2 中生產應急品 i 的價格，減去應急事件 1 中應急品 i 的價格有下式：

$$P_i(k, s_2) - P_i(k, s_1) = p_i\theta_i(k, s_2) + \tilde{W}_w t_i(k, s_2)/\alpha(\theta_i(k, s_2)) - (p_i\theta_i(k, s_1) + \tilde{W}_w t_i(k, s_1)/\alpha(\theta_i(k, s_1))) \qquad (5-9a)$$

$$= [p_i\theta_i(k, s_2) - p_i\theta_i(k, s_1)] + [\tilde{W}_w t_i(k, s_2)/\alpha(\theta_i(k, s_2)) - \tilde{W}_w t_i(k, s_1)/\alpha(\theta_i(k, s_1))] \qquad (5-9b)$$

根據前面的假設，有 $P_i(k, s_2) - P_i(k, s_1) > 0$

把上式帶入公式（5-9b）有：

$$[p_i\theta_i(k, s_2) - p_i\theta_i(k, s_1)] + [\tilde{W}_w t_i(k, s_2)/\alpha(\theta_i(k, s_2)) - \tilde{W}_w t_i(k, s_1)/\alpha(\theta_i(k, s_1))] > 0 \qquad (5-10)$$

又根據假設 4，知道 $\theta_i(k, s_2) < \theta_i(k, s_1)$ 所以有：

$$p_i\theta_i(k, s_2) - p_i\theta_i(k, s_1) < 0 \qquad (5-11)$$

把公式（5-11）帶入公式（5-10），一定有：

$$\tilde{W}_w t_i(k, s_2)/\alpha(\theta_i(k, s_2)) - \tilde{W}_w t_i(k, s_1)/\alpha(\theta_i(k, s_1)) > 0 \qquad (5-12a)$$

$$\Rightarrow t_i(k, s_2)/\alpha(\theta_i(k, s_2)) - t_i(k, s_1)/\alpha(\theta_i(k, s_1)) > 0 \qquad (5-12b)$$

又因 $\alpha(\theta_j(k, s_i))$ 是 $\theta_j(k, s_i)$ 的減函數，因此在生產 i 類商品，也就是 $j=i$，$\theta_i(k, s_2) < \theta_i(k, s_1)$ 的條件下，一定有 $\alpha(\theta_i(k, s_2)) > \alpha(\theta_i(k, s_1)) \geqslant 0$，利用此式有：

$$t_i(k, s_1)/\alpha(\theta_i(k, s_1)) > t_i(k, s_1)/\alpha(\theta_i(k, s_2)) \tag{5-13}$$

綜合公式（5-12b）與公式（5-13），一定有：

$$t_i(k, s_2)/\alpha(\theta_i(k, s_2)) > t_i(k, s_1)/\alpha(\theta_i(k, s_2)) \tag{5-14a}$$

$$\Rightarrow t_i(k, s_2) > t_i(k, s_1) \tag{5-14b}$$

所以命題 5-1 得證。該命題表明：隨著應急事件強度的增加，消費者如想減小自己的損失，就一定要加大應急時間的投入。這與日常所見應急事件的情形非常吻合。例如：在非典事件發生期間，隨著疫情的蔓延，全國各地的板藍根制劑大幅漲價，與此同時消費者若想減小自己患病的可能，就應花費比平時更多的時間去藥店，才有可能買到板藍根制劑。

為了刻畫消費者的應急損失。首先假定消費者在應急情況下能充分利用自己的時間，那麼根據公式（5-7b）確定的應急情況下充分收入的定義，有下面的表達式：

$$I + L(Z_1, Z_2, \cdots Z_n, k, s_i) = F(k, s_i) \tag{5-15}$$

其中，I 為正常情況下，消費者的最大貨幣收入，$F(k, s_i)$ 為消費者在應急情況下的充分收入。把公式（5-2）、（5-5）帶入公式（5-15），可以得到消費者在應急情況下的損失函數為：

$$L(Z_1, Z_2, \cdots Z_n, k, s_i) \equiv F(k, s_i) - \sum_{j=1}^{n} p_j q_j \tag{5-16a}$$

$$= F(k, s_i) - \sum_{j=1}^{n} p_j \theta_j(k, s_i) Z_j \tag{5-16b}$$

通過把公式（5-7）、（5-8）帶入公式（5-16b）可以得到，消費者在應急情況下的損失函數的另一種表達方式：

$$L(Z_1, Z_2, \cdots Z_n, k, s_i) = \sum_{j=1}^{n} [P_j(k, s_i) - p_j \theta_j(k, s_i)] Z_j \tag{5-17}$$

命題 5-2：隨著應急事件強度的逐漸加大，消費者遭受的應急損失也在逐步增大。

證明：利用公式（5-17），用應急事件 2 的消費者損失減去應急事件 1 的消費者損失有：

$$L(Z_1, Z_2, \cdots Z_n, k, s_2) - L(Z_1, Z_2, \cdots Z_n, k, s_1)$$

$$= \sum_{j=1}^{n} [P_j(k, s_2) - P_j(k, s_1)] Z_j - \sum_{j=1}^{n} [p_j \theta_j(k, s_2) - p_j \theta_j(k, s_1)] Z_j$$

(5-18)

根據假設（5-4），可以知道（5-18）右邊的第一項 $\sum_{j=1}^{n}[P_j(k, s_2) - P_j(k, s_1)]Z_j > 0$；並且由於 $\theta_j(k, s_2) < \theta_j(k, s_1)$，因此 $\sum_{j=1}^{n}[p_j\theta_j(k, s_2) - p_j\theta_j(k, s_1)]Z_j < 0$。綜上所述，$L(Z_1, Z_2, \cdots Z_n, k, s_2) - L(Z_1, Z_2, \cdots Z_n, k, s_1) > 0$，命題 5-2 得證。

雖然命題 5-2 的經濟意義非常直觀，但是它給我們提供了一種間接計算供應鏈損失的思路。因為隨著應急事件強度的增加，消費者遭受的損失也在逐步加劇。如果我們假設消費者在應急情況下的充分收入為一個定值，那麼隨著應急強度的增加，這會極大限制消費者的購買力，從而最終導致供應鏈企業銷售量下降。從圖 5-1 可以清楚地看到：在應急事件 1 的情況下，消費者的收入約束方程為 I_1，在發生應急事件 2 後，消費者的收入約束方程變成了 I_2，在供應曲線不發生變化的情況下，供應鏈企業在應急事件 2 下的銷售量為 Q_{i_2}，它明顯小於應急事件 1 下的銷售量 Q_{i_1}。

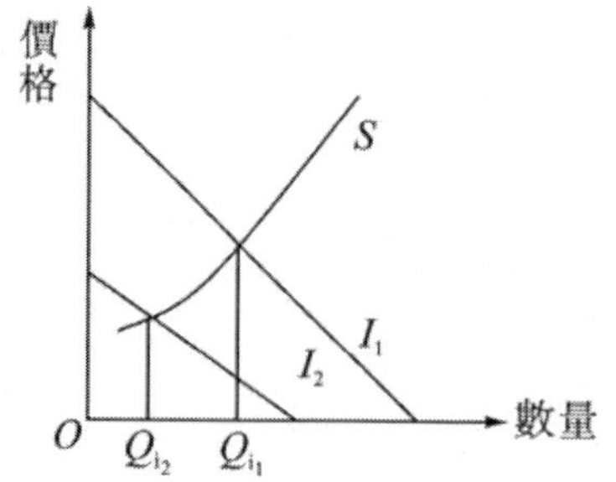

圖 5-1　在應急損失下消費者購買力變化關係圖

命題 5-3：如果發生應急事件時，供應鏈已處於 i 級預案，當 $\Delta E(\pi_l)_s > M(k, s_{i+l}) - M(k, s_i)$ 時，那麼供應鏈應該從 i 級預案躍升到 $i+l$ 級預案，其中 $\Delta E(\pi_l)_s$ 為應急事件從 i 變化到 $i+l$ 時，供應鏈的期望損失改變量。

證明：當應急事件從 i 發展到應急事件 $i+l$ 時，消費者在此刻期望遭受的應急損失為：

$$E(\pi_l)_s = \int_0^{+\infty} xf(x)[L(Z_1,Z_2,\cdots Z_n,k,s_{i+l}) - L(Z_1,Z_2,\cdots Z_n,k,s_i)]dx$$

$$= E(x)\sum_{j=1}^{n}[(P_j(k,s_{i+l}) - P_j(k,s_i)) - (p_j\theta_j(k,s_{i+l}) - p_j\theta_j(k,s_i))]Z_j \tag{5-19}$$

公式（5-19）中，$E(x)$ 表示受災人數的期望值。在供應商的供應能力不變的情況下，可以利用圖 5-1 的方式得到消費者在新情況下購買能力的變化

值為 $E(x)\sum(Q_{i+l}-Q_i)$，其中 Q_{i+l} 為應急事件 $i+l$ 下消費者購買商品的數量，Q_i 為應急事件 i 下消費者購買商品的數量。因此供應鏈在此刻總的期望損失改變量為：

$$\Delta E(\pi_l)_s = p_i E(x)\sum(Q_{i+l}-Q_i) \tag{5-20}$$

因此，當供應鏈的期望損失滿足下列條件，供應鏈的預案就應該升級：

$$\Delta E(\pi_l)_s = p_i E(x)\sum(Q_{i+l}-Q_i) > M(k, s_{i+l}) - M(k, s_i) \tag{5-21}$$

公式（5-21）中，$M(k, s_{i+l})$ 為供應鏈在應急事件 $i+l$ 下的啓動閥值，$M(k, s_i)$ 為供應鏈在應急事件 i 下的啓動閥值，當這兩個閥值的差小於由於應急事件升級造成的供應鏈期望損失的改變量時，供應鏈的應急預案應該立刻從 i 級預案管理，升級到 $i+l$ 級預案管理。

命題 5-3：如果供應鏈原來處於正常情況，當 $\Delta E(\pi_l)_s > M(k, s_1)$ 時，那麼供應鏈應該從正常情況躍升至一級預案。

證明：根據假設 6，知道在正常情況下供應鏈的應急閥值 $M(k, s_0)=0$，所以當發生應急事件，引起供應鏈期望損失值滿足下列條件時，應該立即啓動供應鏈應急預案。

$$\Delta E(\pi_l)_s = p_i E(x)\sum(Q_1-Q)E(\pi_l)_s > M(k, s_1) \tag{5-22}$$

公式（5-22）中，其中 Q_1 為應急事件 1 下消費者購買商品的數量，Q 為正常情況下的購買數量。

從上面 的分析中不難看出，命題 5-3 是命題 5-2 的一個特例。

雖然命題 5-1、命題 5-2、命題 5-3 計算簡單，但是這三個命題合起來，提供了一種在應急事件下，計算供應鏈損失以及啓動應急預案的新方法。該方法從消費者著手，通過分析消費者損失對購買力的影響，從而間接算出供應鏈的損失，也為供應鏈啓動應急預案提供了基準信號。在實際的操作中，應該注意以下兩個方面：①消費者損失的估算問題。由於應急事件爆發突然，所以供應鏈企業要注意即時跟蹤消費者的行為變化，在盡可能短的時間內計算出消費者的損失情況。如：非典事件時，相關供應鏈企業應即時跟蹤事態的變化，綜合各方面的消息盡快評估出消費者患病的機會成本，再根據自己已有的歷史銷售數據得到新的消費者收入約束曲線，從而評估出消費者遭受的應急損失，最後根據整個地區的患者分佈情況，得出供應鏈的整體損失情況。②供應鏈啓動應急預案的閥值設定問題。這需要供應鏈企業收集以往相關歷史事件處理情況，並結合供應鏈自身的組織構成情況事先設定閥值。如沒有相關資料，只有根據其他組織處理相關事件的經歷靈活處理。從這兩方面可以看出，供應鏈的應急預案管理，是一個系統工程，它需要眾多公共部門的支持，並需要供應鏈企業建立較為完善的管理信息系統，該系統一方面能夠提供較為詳細的歷史數據，另一方面能夠及時地採集數據跟蹤消費者的變化情況，以便企業及時決策，減小損失。這對企業的信息化水平和事態回應能力都提出了很高的要求。

5.4 本章結論

本章的研究表明：

①隨著應急事件強度的增加（$s_2 > s_1$），消費者花費在應急物品上的時間也會增加。

②隨著應急事件強度的逐漸加大，消費者遭受的應急損失也在逐步增大，從而供應鏈的期望損失也會隨之增大。

③如果供應鏈原來處於正常情況，當供應鏈的損失大於一級應急情況下的閥值時，供應鏈應該從正常情況躍升至一級預案。

④當供應鏈的期望損失量 $\Delta E(\pi_l)_s > M(k, s_{i+l}) - M(k, s_i)$，該供應鏈應該從 i 級預案躍升到 i+1 級預案。

5.5 本章小結

本章利用新消費者函數研究了應急情況下，供應鏈預案的啓動時機問題，並提出了計算供應鏈損失的新方法。運用該方法可以方便地估算出供應鏈的損失，通過把該值與預先設定的預案閥值進行比較，就能方便地確定供應鏈預案的啓動時機。研究結論表明，隨著應急事件的逐步升級，消費者應急時間的投入量與損失量都在增加。這會導致消費者購買能力的下降，從而使得供應鏈的期望損失變大。當期望損失大到一定程度時，應隨事態變化，進行預案升級實現動態管理，從而盡可能減小應急事件帶來的損失。

第六章　供應鏈夥伴關系建設與風險關系的研究

在本書的第二章、第三章，我們在常規不確定性下，研究了如何利用契約來協調供應鏈。而在第四章、第五章，我們又在異常不確定性下，研究了應急事件的發生機理，以及應急預案管理，希望通過機理分析發現供應鏈應急事件的發生規律，進而制定合理的預案，在應急事件發生時，能夠根據具體的事態發展情況作出動態管理，以控制事態的惡化，將可能的損失降到最小。不過上述這幾章內容，從某種意義上來講都是從外部機制和措施著手，力圖減少不確定性帶給供應鏈的負面影響，以此改善和提高供應鏈的績效。但它們並沒有考慮契約和措施的執行問題。而這個問題在不確定性和非對稱信息的影響下，很可能引發供應商和零售商的內部風險，即道德風險或逆向選擇問題。本章希望從供應鏈的內部建設著手，研究供應鏈夥伴關系的建設問題，以及夥伴關系與減小不確定性帶來的風險問題。

6.1　引言

從市場環境來看，在市場全球化、產品多樣化的今天，個體企業很少以獨立實體的方式參與市場競爭，取而代之的是以供應鏈的方式加入這場殘酷的爭鬥。因此，任何個體企業要想在市場中獲得一席之地，就必須提升整個供應鏈的穩定性與競爭力。通常，供應鏈是以核心企業為中心，把供應商、製造商、分銷商、零售商乃至最終用戶連成一體的供需網絡結構。鏈中成員一方面想保持自身的獨立性，另一方面又為特定的戰略目標（如資源共享、共擔風險或成本等），通過股權參與、契約聯結等方式與許多資源互補的企業組成供應鏈。根據約束理論[187]，可以知道一旦供應鏈中有一個成員的績效低下，就會降低供應鏈的整體績效。因此要想獲得雙贏局面，即各企業既要滿足自身利潤最大化，又要兼顧供應鏈的整體利潤最優，就必須要加強供應鏈夥伴關係的建設。

從學術界來講，供應鏈的夥伴關係研究，在近年來一直是個熱點。良好的夥伴關係，不僅為供應鏈盈利創造了條件，也為聯盟抵禦應急事件打下了堅實的基礎。Wilson（1983）[144]通過對一百多家英國公司進行調研發現，零售商為了削減搜尋、管理、維護供應商的成本，通常希望把供應商的個數縮減到一定範圍，同時盡量與這些供應商維持一種長期的合作關係。陳志祥（2004）[190]對長江三角州和珠江三角州的實證研究表明，不同的激勵策略會對供需雙方的合作績效產生不同的影響，而且在影響強度上也存在一定的差異。李輝、李向陽（2008）[163]綜合國內外多篇文獻，從供應鏈夥伴關係的基本理論、夥伴關係的管理現狀、夥伴的組成問題、夥伴關係的維護問題、信任問題等五個方面，對供應鏈夥伴關係的管理做了很好的綜述。研究表明：夥伴關係維護研究還有待加強。陶青（2002）[161]利用交易成本經濟學中的相關概念，在信任與機會主義並存的情況下，研究了合作夥伴關係中雙方資源投入程度對其收益的影響，並建立了合作夥伴的兩階段動態模型，分析了各階段資源投入對夥伴關係的影響。研究表明：企業為了使其收益最大化應選擇合適的資源投入範圍。不過上述文獻基本沒有考慮資產專有性對供應鏈夥伴的影響。而根據哈特的觀點[191]：如果企業間資產是嚴格互補的，那麼它們應該以某一種形式進行合併。供應鏈恰恰為符合這種背景的供應商與零售商，提供了一種新型合作方式。該方式比一般企業合作關係要強，但比縱向一體化要弱。此外，時間因素在以往的文獻中也常被忽略。而從生命週期觀點來看，供應鏈的夥伴關係是一個隨時間演進而不斷累積的過程。就像與人交友一樣，隨著時光的流逝，朋友之間的關係會不斷地發展。因此如何從資產專有性以及時間累積的角度去認識這種新型夥伴關係，是一個值得深入探討的課題。

在不確定性和不對稱信息的影響下，合作夥伴引發的供應鏈風險也是一個值得注意的問題。王慧（2008）[192]對這種風險的表現進行了相關總結。我們把這種風險概括起來，主要包括以下幾個方面：①供應鏈合作夥伴的選擇風險。它主要是由夥伴之間能力不匹配，或者合作夥伴的實力不夠，以及夥伴信譽較差引起的。②道德風險。供應鏈的合作夥伴間在簽訂契約後，由於某合作者利用自己私有信息的強勢地位，不履行合約，而損壞供應鏈的利益。③公平機制不健全引發利益分配風險。如果供應鏈的管理不健全，利益分配不合理，就會造成鏈上成員收益分配懸殊，從而影響整個鏈的穩定性。④管理協調之間的風險。各個企業只從自身利益最大化出發，而不考慮整體的協調，或者考慮了整體協調，但因為環境的變化，企業發現整體協調對自己並不是很有利，而拒絕執行契約等。⑤業務外包的風險。這些風險中最為常見的可能是道德風險與管理協調之間的風險。它們都與供應鏈的契約執行力有關，因此我們也希望通過對供應鏈夥伴關系與契約執行力之間的研究，從而找到一種運用良好的夥伴關系，來減小這些風險的應對辦法。

針對上述文獻所忽略的問題，本章的結構如下：首先從資產專有性投資與時間因素來研究供應鏈夥伴關系的動態發展過程，並運用微分對策論在合作條件下，得到供應商與零售商的專有資產投資均衡條件。接著，利用博弈論的方法，討論了建立良好的夥伴關系與契約執行力之間的關系。

6.2 資產專有性投資和供應鏈夥伴的關系模型

科斯在企業管理的研究中，開創了契約理論的研究先河。由於該理論具有極廣的適用範圍，因此吸引了眾多學者的關注。也引來該理論的大發展，並產生了許多重要的研究分支，其中最有名的兩個分支要數交易費用理論[193]和委託—代理理論[194]。前者由威廉姆森、克萊因做了許多開創性研究，又在哈特、莫爾等人那裡得到進一步的發展。哈特等人認為企業是連續生產過程中，由不完全合約所導致的縱向一體化實體。企業之所以能夠出現，是因為當合約不完全時，縱向一體化能夠消除或減小資產專有性所產生的機會主義問題。這個觀點對於涉及縱向合作夥伴的供應鏈具有十分重要的借鑑意義。借用他們的研究思路有助於理順資產專有性投資與供應鏈夥伴關系之間的聯繫。在建立資產專有性投資與供應鏈夥伴關系的動態模型之前，有如下假設：

假設 1：供應商和零售商都是風險中性的理性經濟人。

假設 1 有兩個作用：①表明供應商和零售商都以利潤最大化為自己的目標；②該假設可以弱化風險偏好對目標函數的影響，從而把注意力集中於我們的研究主題。

假設 2：隨著時間的流逝，未來的夥伴關系會受已有夥伴關系的影響。

假設 2 也符合常理，它表明供應鏈的夥伴關系是一個逐漸累積的過程。

假設 3：供應鏈企業之間的信任、合作與機會主義可以長期共存，資產專有性投資是維持供應鏈夥伴關系的基石。

假設 3 表明：為了削弱機會主義的負面影響，供應鏈企業應加強專有資產的投資。因為現實社會是一個競爭的社會，供應商與零售商在達成協議的前後，將要面對眾多的競爭者，即便達成交易，也不可能一勞永逸。因此簽約效率對雙方來說，就顯得尤為重要。根據資產專有性和縱向一體化的研究可以知道，要使契約有效率，就必須加強對交易產品的專有資產投資：通過專用人力、實物來進行生產或交易。對於那些投入了大量專有資產的企業來說，很可能在這場持久的競爭中取得主動地位。因為從長期來看，專有資產的投資會使雙方事前搜尋成本與事後簽約成本都大為降低，從而起到提高契約效率的作用。因此把供應鏈的夥伴關係建立在資產專有性投資的基礎上，那將是一種穩定的夥伴關係。

基於以上的假設，本章研究由單一製造商和零售商組成的簡單供應鏈。為了維持長久的供應鏈夥伴關係，供應商將會逐步提高產品質量方面的專有資產投資，例如引入先進的工藝、加強產品的質量監控等。零售商也會逐步增加商品服務方面的專有資產投資，例如增加商品維修點、提供多渠道的銷售服務等。雙方這樣做的好處是能夠增強產品的核心競爭力，從而起到擴大需求、增加銷售收入的目的。此外，隨著時間的流逝，供應商和零售商會根據已有的夥伴關係、專有資產的投入情況，調整他們未來的夥伴關係。在上述三條假設下，我們建立了基於擴展 Nerlov-Arrow 模型的供應鏈夥伴關係模型。它滿足微分方程（6-1）：

$$\begin{cases} \dot{R}(t) = \alpha V_s(t) + \beta V_r(t) + \eta R(t) \\ R(0) \geq 0 \end{cases} \tag{6-1}$$

其中：$R(t)$ 表示供應鏈的夥伴關係，該關係不僅受到供應商和零售商專有資產投資的影響，也受過去已有夥伴關係的影響。$R(0)$ 表示供應鏈夥伴關係的初始值。其中，α 是供應商的專有資產投資的影響系數；β 是零售商的專有投資的影響系數；η 是供應鏈夥伴關係的影響系數。為了方便分析，假設這三個系數都為正。

產品的銷售收入由公式（6-2）決定：

$$\pi(V_s(t),\ V_r(t),\ R(t)) = \gamma(V_s(t) + V_r(t)) + \varphi R(t) \tag{6-2}$$

其中，γ 為專有資產投資對利潤的影響因子，φ 為供應鏈夥伴關係對銷售收入的影響因子。公式（6-2）表明：供應鏈的銷售收益不僅受到專有資產投資的影響，也受到夥伴關係的影響，因為專有資產的持續投入，有利於廠商提高產品的質量與服務，從而起到擴大市場需求增加銷售收入的作用。另外隨著夥伴關係的建立，有利於減小雙方的貿易摩擦，從而既能降低交易成本，也能起到增加銷售收入的作用。

此外，我們假設供應鏈的銷售收入在供應商和零售商之間進行分配，其中供應商分得 $\lambda(0 \leqslant \lambda \leqslant 1)$，零售商分得 $1-\lambda$，λ 的大小由公式（6-3）決定，它體現了公平分配的原則。供應商和零售商具有相同的貼現值 $\tau > 0$，該貼現值與國家在該時間段的宏觀調控政策有關，該值會影響供應鏈的外部生存環境，進而影響雙方的夥伴關系和利潤。供應商和零售商的目標就是在無限的時間區間內尋求利潤最大化的最優夥伴關系。

供應商的目標函數為：

$$\begin{cases} \pi_s = \int_0^{+\infty} e^{-\tau t}\left\{\lambda[\gamma(V_s(t)+V_r(t))+\varphi R(t)] - \dfrac{m}{2}V_s(t)^2\right\}dt \\ \lambda = \dfrac{\alpha}{(\alpha+\beta)} \end{cases} \tag{6-3}$$

零售商的目標函數為：

$$\pi_r = \int_0^{+\infty} e^{-\tau t}\left\{(1-\lambda)[\gamma(V_s(t)+V_r(t))+\varphi R(t)] - \frac{n}{2}V_r(t)^2\right\}dt \tag{6-4}$$

其中，$m/2V_s(t)^2$，$n/2V_r(t)^2$ 分別為供應商和零售商的專有資產投資的成本，$m > 0$，$n > 0$ 為各自投資成本的影響系數，它們都是常數。

公式（6-1）~（6-4）共同定義了具有兩個控制變量 $V_s(t)$，$V_r(t)$ 與一個狀態變量 $R(t)$ 的雙人微分對策。在該對策中，由於所有的系數均為與時間無關的常系數，所以在無限時間段內，博弈參與人都面臨相同的博弈。因此供應商和零售商的靜態納什均衡策略就是最優反應策略。

6.3 供應商和零售商的靜態納什均衡策略

命題 1：在常系數條件下，當 $\tau \neq \eta$ 時，供應商專有資產投資的納什均衡為：$V_s(t)^* = \dfrac{\lambda\gamma}{m} + \dfrac{\lambda\varphi\alpha}{(\tau-\eta)m}$，零售商專有資產投資的納什均衡為：$V_r(t)^* = \dfrac{(1-\lambda)\gamma}{n} + \dfrac{(1-\lambda)\varphi\beta}{(\tau-\eta)n}$

證明：根據 Dockner[195] 的微分對策解法，可以運用納什均衡的充分條件，求出所有 $R(t) > 0$ 且滿足 HJB 方程的最優值函數 $A_i(R(t))$，$i \in \{s, r\}$。當雙方在獨立且同時做出自己專有資產投資策略時，運用動態規劃的原理可以分別求出供應商和零售商的最優反應策略。供應商的 HJB 方程為：

$$\tau A_s(R(t)) = \max_{v_s \geq 0} \begin{Bmatrix} \lambda[\gamma(V_s(t) + V_r(t)) + \varphi R(t)] - \frac{m}{2} V_s(t)^2 \\ + A_s'(R(t))[\alpha V_s(t) + \beta V_r(t) + \eta R(t)] \end{Bmatrix} \quad (6\text{-}5)$$

零售商的 HJB 方程為：

$$\tau A_r(R(t)) = \max_{v_r \geq 0} \begin{Bmatrix} (1-\lambda)[\gamma(V_s(t) + V_r(t)) + \varphi R(t)] - \frac{n}{2} V_r(t)^2 \\ + A_r'(R(t))[\alpha V_s(t) + \beta V_r(t) + \eta R(t)] \end{Bmatrix} \quad (6\text{-}6)$$

對公式（6-5）兩邊求 $V_s(t)$ 的二階導，可以得到：$d^2(\tau A_s(R(t)))/dV_s(t)^2 = -m < 0$，這表明 $\tau A_s(R(t))$ 是關於 $V_s(t)$ 的凹函數，所以供應商專有資產投資的納什均衡 $V_s(t)^*$ 應滿足 $d(\tau A_s(R(t)))/dV_s(t) = 0$，即：

$$V_s(t)^* = [\lambda\gamma + A_s'(R(t))\alpha]/m \quad (6\text{-}7)$$

同理對公式（6-6）兩邊求 $V_r(t)$ 的二階導，可以得到：$d^2(\tau A_r(R(t)))/dV_r(t)^2 = -m < 0$，這表明 $\tau A_r(R(t))$ 是關於 $V_r(t)$ 的凹函數，所以零售商專有資產投資的納什均衡 $V_r(t)^*$ 應滿足 $d(\tau A_r(R(t)))/dV_r(t) = 0$，即：

$$V_r(t)^* = [(1-\lambda)\gamma + A_r'(R(t))\beta]/n \quad (6\text{-}8)$$

把公式（6-7）、（6-8）代入供應商和零售商的 HJB 方程（6-5）、（6-6）可以得到：

$$\begin{aligned} \tau A_s(R(t)) = &[\lambda\gamma + A_s'(R(t))\alpha][\lambda\gamma + A_s'(R(t))\alpha]/m \\ &- [\lambda\gamma + A_s'(R(t))\alpha]^2/2m \\ &+ [\lambda\gamma + A_s'(R(t))\beta][(1-\lambda)\gamma + A_r'(R(t))\beta]/n \\ &+ (\lambda\varphi + A_s'(R(t))\eta)R(t) \end{aligned} \quad (6\text{-}9)$$

$$\begin{aligned} \tau A_r(R(t)) = &[(1-\lambda)\gamma + A_r'(R(t))\alpha][\lambda\gamma + A_s'(R(t))\alpha]/m \\ &- [(1-\lambda)\gamma + A_r'(R(t))\beta]^2/2n \\ &+ [(1-\lambda)\gamma + A_r'(R(t))\beta][(1-\lambda)\gamma + A_r'(R(t))\beta]/n \\ &+ [(1-\lambda)\varphi + A_r'(R(t))\eta]R(t) \end{aligned} \quad (6\text{-}10)$$

根據 Dockner 的微分對策解法，通過觀察公式（6-9）和公式（6-10）可以知道，關於 $R(t)$ 的線性常系數最優值函數是 HJB 方程的解。因此可以令：

$$A_s(R(t)) = k_s R(t) + b_s,\ A_r(R(t)) = k_r R(t) + b_r \quad (6\text{-}11)$$

其中，$A_s'(R(t)) = k_s$，$A_r'(R(t)) = k_r$ （6-12）

把公式（6-11）和（6-12）代入公式（6-9）和（6-10），可以得到：

$$\tau(k_sR(t)+b_s)=[\lambda\gamma+k_s\alpha][\lambda\gamma+k_s\alpha]/m-[\lambda\gamma+k_s\alpha]^2/2m \\ +[\lambda\gamma+k_s\beta][(1-\lambda)\gamma+k_r\beta]/n+(\lambda\varphi+k_s\eta)R(t) \tag{6-13}$$

$$\tau(k_rR(t)+b_r)=[(1-\lambda)\gamma+k_r\alpha][\lambda\gamma+k_s\alpha]/m-[(1-\lambda)\gamma+k_r\beta]^2/2n \\ +[(1-\lambda)\gamma+k_r\beta][(1-\lambda)\gamma+k_r\beta]/n+[(1-\lambda)\varphi+k_r\eta]R(t) \tag{6-14}$$

當 $\tau\neq\eta$ 時，通過比較公式（6-13）和（6-14）兩邊的系數，可以得到：

$$k_s=\lambda\varphi/(\tau-\eta),\ b_s=\frac{\lambda^2[(\tau-\eta)\gamma+\varphi\alpha]^2}{2m\tau(\tau-\eta)^2}+\frac{\lambda(1-\lambda)[(\tau-\eta)\gamma+\varphi\beta]^2}{\tau n(\tau-\eta)^2}$$

$$k_r=(1-\lambda)\varphi/(\tau-\eta),\ b_r=\frac{(1-\lambda)^2[(\tau-\eta)\gamma+\varphi\beta]^2}{2n\tau(\tau-\eta)^2}+\frac{(1-\lambda)\lambda[\gamma(\tau-\eta)+\varphi\alpha]^2}{m\tau(\tau-\eta)^2} \tag{6-15}$$

把公式（6-15）代入公式（6-11），可以得到供應商和零售商在納什均衡條件下的線性常系數最優值函數：

$$A_s(R(t))=\frac{\lambda\varphi}{(\tau-\eta)}R(t)+\frac{\lambda^2[(\tau-\eta)\gamma+\varphi\alpha]^2}{2m\tau(\tau-\eta)^2}+\frac{\lambda(1-\lambda)[(\tau-\eta)\gamma+\varphi\beta]^2}{\tau n(\tau-\eta)^2}$$

$$A_r(R(t))=\frac{(1-\lambda)\varphi}{(\tau-\eta)}R(t)+\frac{(1-\lambda)^2[(\tau-\eta)\gamma+\varphi\beta]^2}{2n\tau(\tau-\eta)^2}+\frac{(1-\lambda)\lambda[\gamma(\tau-\eta)+\varphi\alpha]^2}{m\tau(\tau-\eta)^2} \tag{6-16}$$

把公式（6-12）和（6-15）代入公式（6-7）和（6-8），可以得到 $\tau\neq\eta$ 時，供應商和零售商的專有資產投資的納什均衡為：

$$V_s(t)^*=\frac{\lambda\gamma}{m}+\frac{\lambda\varphi\alpha}{(\tau-\eta)m}$$

$$V_r(t)^*=\frac{(1-\lambda)\gamma}{n}+\frac{(1-\lambda)\varphi\beta}{(\tau-\eta)n} \tag{6-17}$$

所以命題（1）得證。

命題 2：在常系數條件下，當 $\tau=\eta$ 時，供應商專有資產投資的納什均衡為：$V_s(t)^*=\lambda\gamma/m$，零售商專有資產投資的納什均衡為：$V_r(t)^*=(1-\lambda)\gamma/n$

當 $\tau=\eta$ 時，重新比較公式（6-13）與公式（6-14）兩邊的係數，可以得到：

$$k_s=0,\ b_s=\frac{\lambda^2\gamma^2}{2m\tau}+\frac{\lambda(1-\lambda)\gamma^2}{\tau n}$$

$$k_r=0,\ b_r=\frac{(1-\lambda)^2\gamma^2}{2n\tau}+\frac{(1-\lambda)\lambda\gamma^2}{m\tau} \tag{6-18}$$

再把公式（6-18）和（6-12）代入公式（6-7）和（6-8），可以得到 $\tau=\eta$ 時專有資產投資的納什均衡：

$$V_s(t)^*=\lambda\gamma/m,\ V_r(t)^*=(1-\lambda)\gamma/n \tag{6-19}$$

所以命題（2）得證。

6.4 模型分析

根據命題 1 知道：在 $\tau\neq\eta$ 時，供應商與零售商專有資產投資的納什均衡取決於他們的利潤劃分比例 λ，成本影響系數 m、n 以及各自專有資產投資的影響系數 α、β。下面我們考察這些因素的不確定性程度如何影響納什均衡。命題 3~命題 6 都是在 $\tau\neq\eta$ 的條件下得到的，命題 7 是在 $\tau=\eta$ 時得到的。

命題 3：當 $(\tau>\eta)\cup(\tau<\eta-\varphi\alpha(\alpha+2\beta)/\gamma\beta)$ 時，供應商專有資產投資的納什均衡，會隨著供應商的利潤投資影響系數 α 增加而變大；當 $(\eta-\varphi\alpha(\alpha+2\beta)/\gamma\beta<\tau<\eta)$，供應商專有資產投資的納什均衡，會隨自身的利潤投資影響系數 α 增加而減小。

證明：由公式（6-19）可知：

$$\frac{\partial V_s(t)^*}{\partial\alpha}=\left[\frac{\gamma}{m}+\frac{\varphi\alpha}{(\tau-\eta)m}\right]\frac{\partial\lambda}{\partial\alpha}+\frac{\lambda\varphi}{(\tau-\eta)m}$$

$$=\frac{(\tau-\eta)\gamma\beta+\varphi\alpha(\alpha+2\beta)}{(\tau-\eta)m(\alpha+\beta)^2} \tag{6-20}$$

當貼現率 τ 滿足：$(\tau>\eta)\cup(\tau<\eta-\varphi\alpha(\alpha+2\beta)/\gamma\beta)$ 時，$\partial V_s(t)^*/\partial\alpha>0$，供應商專有資產投資的納什均衡與投資影響系數成正比，也就是說供應商專有資產投資的納什均衡的值，隨供應商的利潤投資影響系數 α 增加而變大；當 $(\eta-\varphi\alpha(\alpha+2\beta)/\gamma\beta<\tau<\eta)$ 時，$\partial V_s(t)^*/\partial\alpha<0$，供應商專有資產投資的納什均衡的值與投資影響系數成反比，命題 3 得證。

命題 3 隱含了這樣的經濟管理意義：對於 $(\tau>\eta)\cup(\tau<\eta-\varphi\alpha(\alpha+2\beta)/\gamma\beta)$，表明市場經濟狀況比較明朗（也就是市場明顯地表現為好或者

壞）。其中（$\tau > \eta$），表現為貼現率較高，有可能是由於市場經濟過熱引起國家的宏觀調控，此時國家希望控制貸款減少消費，因此提高貼現率，希望消費者多存款。供應商在這種情形下，借貸壓力比較大，加上部分消費者減少消費，把多餘的閒錢存入銀行，導致供應鏈的外部環境變得惡劣，風險增大。此時供應商願意隨投資系數 α 的增加，來增大專有資產投資力度，很可能是供應商希望通過增加專有資產投資的方式，來向合作者零售商表明自己希望改善供應鏈的夥伴關系，以便增強供應鏈整體應對外部風險的能力。

對於（$\tau < \eta - \varphi\alpha(\alpha + 2\beta)/\gamma\beta$）時，可以理解為市場經濟狀況比較好，國家鼓勵消費。由於此時貼現率較低，供應商的投資慾望比較強，加上消費者消費慾望較為強烈，所以此時供應鏈的外部環境變好。此時供應商願意隨投資系數 α 的增加，來增加專有資產的投資，表明供應商希望通過增加專有資產的投資來把市場做得更大，以便獲得更多的收益。

對於（$\eta - \varphi\alpha(\alpha + 2\beta)/\gamma\beta < \tau < \eta$）時，市場環境不是很明朗，供應商此刻不願隨投資影響系數的變大，主動增加專有資產的投資。因為在市場環境不明確的情形下，主動的投資對供應鏈來說風險過大。

總的來說命題 3 反應了這樣一個現象：在經濟形式明朗（包括好、壞）時，供應商都願意隨投資系數 α 的增加，來增大專有資產投資。而在經濟形式不明朗時，供應商的專有資產投資變得更小心。

命題 4：在 $\tau \neq \eta$ 時，只要夥伴關系得到改善，供應商都願意增加專有資產的投資。

證明：由式（6-17）中 $V_s(t)^*$ 對 η 求偏導，可知：

$$\frac{\partial V_s(t)^*}{\partial \eta} = \frac{-(-1)\lambda\varphi\alpha}{m(\tau - \eta)^2} = \frac{\lambda\varphi\alpha}{m(\tau - \eta)^2} > 0 \qquad (6\text{-}21)$$

由公式（6-21）可以看出，只要供應鏈夥伴關系的影響系數變大，供應商的專有資產投資就會增加。命題 4 對於供應鏈管理很有借鑑意義：要想把供應鏈做得有競爭力，就應該改善供應鏈的夥伴關系，增加專有資產的投資。

命題 5：如果（$\tau > \eta$）∪（$\tau < \eta - \varphi\beta(\beta + 2\alpha)/\gamma\alpha$）時，零售商專有資產投資的納什均衡會隨零售商的利潤投資影響系數 β 的增加而變大；當（$\eta - \varphi\beta(\beta + 2\alpha)/\gamma\alpha < \tau < \eta$），零售商的專有資產投資的納什均衡，會隨自身的利潤投資影響系數 β 增加而減小。

命題 5 的證明與解釋和命題 3 類似，故省略。

命題 6：在 $\tau \neq \eta$ 時，只要夥伴關系得到改善，零售商都願意增加專有資產的投資。

證明：由式（6-17）$V_r(t)^*$ 對 η 求偏導，可知：

$$\frac{\partial V_r(t)^*}{\partial \eta} = \frac{-(-1)(1-\lambda)\varphi\beta}{n(\tau-\eta)^2} = \frac{(1-\lambda)\varphi\beta}{n(\tau-\eta)^2} > 0 \tag{6-22}$$

命題 6 的證明與解釋和命題 4 類似，故略。

命題 3~命題 6，給出了在其他條件不變時，利潤投資影響系數與夥伴關系影響系數發生變化時，供應商與零售商專有資產投資的納什均衡變化規律。從這幾個命題中不難看出，供應鏈的專有資產投資不僅受到自身專有資產投資的影響，也受到國家宏觀政策 τ 和夥伴關系的變化率 η 的影響，而且為了加強供應鏈的競爭力，供應商和零售商都願意在夥伴關系得到改善的情況下，增加專有資產的投資。

命題 7：如果 $\tau=\eta$，供應商和零售商的專有資產投資均衡始終與自身的專有資產的成本影響系數成正比。

證明：由式（6-19）可知：

$$\frac{\partial V_s(t)^*}{\partial m} = \frac{\gamma\alpha}{\alpha+\beta} > 0, \quad \frac{\partial V_r(t)^*}{\partial n} = \frac{\gamma\beta}{\alpha+\beta} > 0 \tag{6-23}$$

命題 7 得證。命題 7 說明了貼現率和夥伴關系的變化率相等時，供應商和零售商的專有資產投資策略僅取決於各自專有資產的投資成本影響系數，投資成本影響系數越大，雙方越願意加強專有資產的投資。

6.5 夥伴關系與契約執行力的關系研究

在本章的前四節，我們研究了供應鏈夥伴關系與資產專有投資之間的聯繫，並利用微分對策論建立了供應鏈夥伴關系與利潤分配之間的動態方程。研究表明：供應鏈夥伴關系的好壞，會直接影響到供應商和零售商之間專有資產的投資。但是，我們並沒有分析夥伴關系對契約執行力的影響，而契約能否順利執行，對於減小由不確定性引起的道德風險具有重要意義。本節我們將利用博弈論的方法，研究夥伴關系對契約執行力的影響。

首先，我們構造一個 2×2 雙矩陣博弈。

假設存在兩個理性局中人，A 代表供應商，B 代表零售商；供應商的有限策略集合為（與零售商夥伴關系良好，與零售商夥伴關系差）；零售商的有限策略集合為（契約執行力好，契約執行力差）。假設他們之間根據契約之間的約定，A 分得利潤的 λ，B 分得其餘的 $(1-\lambda)$。根據他們的策略組合共有四種情況：①如果供應商選擇與零售商的夥伴關系良好，零售商選擇契約執行力好，那麼供應商獲得收益 $\lambda\pi$，零售商獲得收益 $(1-\lambda)\pi$，其中 π 是供應商與零售商可獲得的最大利潤；②如果供應商選擇與零售商建立良好夥伴關系，零售商選擇契約執行力差，那麼供應商獲得收益 $\lambda(\pi-C)$，而零售商獲得收益 $(1-\lambda)(\pi-C)$，這個 C 是事後的交易成本，由於零售商契約執行力差，所以存在一個執行契約的事後交易成本 $C>0$；③如果供應商與零售商的夥伴關系差，而零售商的契約執行力好，那麼供應商獲得收益 $\lambda(\pi-M)$，而零售商獲得收益 $(1-\lambda)(\pi-M)$，這個 M 是事前的交易成本，由於供應商與零售商的夥伴關系差，所以他們在制定契約時存在一個較高的討價還價成本 $M>0$；④如果供應商與零售商的夥伴關系差，而零售商的契約執行力也差，那麼他們雙方都沒有收益，這可能是由於供應商與零售商的事前、事後交易成本太高導致雙方沒法達成協議。根據上面的分析，可以得到他們的收益矩陣，如表 6-1 所示：

表 6-1　　供應商與零售商的收益矩陣

A \ B	零售商契約執行力好	零售商契約執行力差
與零售商夥伴關系良好	$(\lambda\pi,\ (1-\lambda)\pi)$	$(\lambda(\pi-C),\ (1-\lambda)(\pi-C))$
與零售商夥伴關系差	$(\lambda(\pi-M),\ (1-\lambda)(\pi-M))$	$(0,\ 0)$

從表 6-1 中，我們發現存在一個占優策略，即供應商選擇與零售商建立良好夥伴關系，而零售商選擇按照約定順利執行契約。該策略是該博弈的納什均衡。該均衡表明良好的夥伴關系有助於提高契約的執行力，從而減少了道德風險發生的可能。這也符合我們的經濟直覺，因為在日常生活中，良好的夥伴關系有助於契約人之間的溝通和協調，從而降低了雙方的事前和事後交易成本，使得契約得以順利執行。

6.6　本章小結

本章首先運用交易成本經濟學中資產專有性的觀點，研究了供應鏈夥伴關系的建設與專有資產投資之間的聯繫，並利用微分對策論建立了供應鏈夥伴關系和利潤分配之間的動態方程。經研究表明供應鏈的專有資產投資不僅受到國家宏觀政策的影響，也受到供應商和零售商專有資產投資策略的影響。在貼現率和夥伴關係變化率相等的特殊情況下，供應鏈的夥伴關係僅僅與自身專有資產的成本影響系數有關。而在貼現率與夥伴關係變化率不相等的情況下，如果經濟形式明朗，供應商、零售商都願意隨各自投資系數的增加，來增大專有資產投資。而在經濟形式不太明朗的情況下，他們的專有資產投資變得更小心。我們的研究還表明在供應商與零售商的夥伴關係得到改善的情況下，雙方都願意增加專有資產的投資，來提升供應鏈的核心競爭力。在本章的最後，我們利用 2 × 2 雙矩陣博弈，討論了供應鏈夥伴關係與契約執行力之間的關係。研究表明：當供應商與零售商建立良好的夥伴關係時，零售商願意按照事先的約定順利執行契約，該策略是 2 × 2 雙矩陣博弈的一個占優均衡。這暗示建立良好的夥伴關係對於增強供應鏈績效，抵抗外部風險有重要作用。總的來說，本章的研究對於如何加強供應鏈中的夥伴關係建設，抵禦外部風險提供了很好的方法。

第七章　結束語

7.1　全書總結與創新點

不確定性對於供應鏈管理來說，就像一把雙刃劍：一方面，它孕育著無限的商機；另一方面，它又潛藏著無數的危機與風險。在不確定性條件下，如何通過有效的管理機制，以提高供應鏈整體績效以及抗擊風險的能力，是近年來學術研究的熱點。其中契約協調機制、應急管理以及夥伴關係研究由於其理論價值高、實踐意義強，而備受矚目。對於契約協調機制的研究起步較早，目前已發展到相當的高度，並取得了豐富的研究成果；而應急管理則因起步較晚，研究相對滯後，但隨著近年來應急事件的不斷爆發，給國家和社會造成重大損失，應急管理的研究已迫在眉睫，並逐漸成為供應鏈管理中的新焦點；而對於供應鏈夥伴關係的研究，目前大多還是基於實證方面的研究，但隨著風險管理的興起，更深入的理論研究正逐漸受到新的關注。本書在對供應鏈中不確定性現象做出重新分類的基礎上，對供應鏈契約協調機制、應急管理以及夥伴關係的建設現狀分別進行了文獻綜述，研究了常規不確定性條件下，如何通過合適的契約機制來協調供應鏈，以提高供應鏈的整體績效；並在異常不確定性下，就應急事件的發生機理，及應急預案展開研究，擬挖掘其潛在的本質和規律，以此增強對應急事件的防範和管理，減小其可能給供應鏈帶來的損失。然而，不論是契約機制還是應急管理，從某種意義上講，都是力圖通過某種外部手段（或外部約束）來減小不確定性給供應鏈帶來的風險。為此，筆者進一步從供應鏈內部建設著手分析，研究表明通過加強供應鏈企業間夥伴關係建設，以提高供應鏈企業的自我約束，進一步減小不確定性風險。

供應鏈契約方面的研究雖已取得不少的成果，但仍有一些值得關注的問題。首先，現有文獻中很少涉及供應商和零售商的批發價議定問題，而批發價決定著供應商和零售商利潤劃分的基調，且議價空間對契約中雙方的策略選擇有直接影響。其次，目前的契約研究大都是針對單產品的報童模型展開的，而現實中還存在著大量的多產品供應鏈，如手機市場上常有一個零售商銷售多種手機的模式。學界對這類多產品供應鏈的銷售策略研究顯得相對缺乏。針對這兩點不足，本書展開了專門的討論。

對於應急管理，目前的研究主要集中在供應鏈應急事件的事後管理上。很少有學者關注供應鏈應急事件的發生機理。而機理分析非常重要，它是很多後續工作的基礎。通過機理分析，有助於找出應急事件爆發所遵循的內在規律和邏輯，發現孕育事件的源頭，從本質上提高對應急事件的認識，從而增強防範。此外，預案管理作為一種有效的事前防範措施，可加強事態監控，並隨事態發展對應急事件作出動態管理。它對於有效應對災情變化、減少損失意義重大。基於此，本書針對供應鏈應急事件機理分析與預案管理，進行了相關研究。

此外，在關於如何利用夥伴關係來減小供應鏈風險方面，大多數文獻還是一些實證研究，很少有文獻從資產專有性的角度來研究供應鏈夥伴關係的建設問題。而在供應鏈這種資源互補性很強的組織結構中，資產專有性投資可減少鏈上成員在投資上的重複和浪費，從而提高其資金和運作效率，這將有利於強化其核心競爭力並實現雙贏。隨著專有資產的投入，將能有效加強供應鏈夥伴關係的建設。而良好的夥伴關係對於提升鏈上成員對契約和規章的執行力、減少道德風險和逆向選擇的發生、增強供應鏈抵禦不確定性風險的能力具有重要意義。

鑒於此，首先，本書在常規不確定性下，以單產品的報童模型為基礎，構建了基於雙向拍賣議價機制的供應鏈回購模型；並以手機市場為研究對象，研究了多產品供應鏈中最優成本的估算及多產品供應鏈的契約協調問題。然後，在異常不確定性下就相關的應急管理加以研究，運用非線性動力學中研究流體同步的方法，對供應鏈應急事件的發生機理進行了建模與討論；並運用時間分配理論和新消費者行為理論構建了具有動態升級管理能力的供應鏈應急預案。最後，從提高自我約束的角度，討論了資產專有性投資對增強供應鏈夥伴關係建設的意義。利用微分對策論研究了二者之間的關係，並進一步運用博弈論的方法，研究了供應鏈夥伴關係對契約執行力的影響。具體來講，研究內容共分為如下五個部分：

(1) 對現有的單產品報童模型加以拓展，考慮供應商與零售商之間議價能力對利潤劃分的影響，引入雙向拍賣機制來刻畫這個議價過程，並利用回購契約來協調供應鏈。假設由單一供應商和零售商組成一個簡單的二級供應鏈。他們共同面對隨機的市場需求，供應商向零售商提供單一的易逝性商品。由於雙方在信息不對稱條件下，對市場瞭解存在著偏差，致使在產品批發價的定位上存在著差異。為了使雙方在批發價上達成一致，引入雙向拍賣機制來刻畫雙方批發價的議定過程。在銷售季節到來之前，雙方首先需要通過雙向拍賣的議價方式來確定新銷售季節的批發價格；在此基礎上進一步確定供應鏈的最優訂貨量與回購系數，以使供應鏈協調。研究表明：在供應商和零售商採用雙向拍賣機制來協商批發價時，利用回購契約可以協調供應鏈。在供應商與零售商採用線性出價策略時，達成協議的批發價與回購參數隨供應商議價能力的增大而同步變化，且雙方的交易效率隨議價能力的增大而變小。雙向拍賣議價機制的引入，使模型在雙方利潤分配上具有更強的協調能力，比較以往的模型，更加公平合理。

（2）針對手機市場上的多產品銷售現象，展開相關研究，以兩款同一品牌的手機為例，構建多產品供應鏈模型，求解了新品的最優成本定價以及該供應鏈的協調問題。假設市場上存在一條銷售某品牌手機的簡單供應鏈，它由單一的、風險中性的、理性的供應商和零售商組成。零售商正在市場上熱銷一款處於產品成熟期的低端手機。由於該款手機處於產品成熟期，所以市場價格與用戶需求趨於穩定。但是由於該款手機是該供應鏈的主要利潤來源，所以供應商希望維繫甚至提升用戶的需求。因此供應商採用間接廣告的方式：通過推出一款與該手機同屬一個品牌的高端手機來提升品牌效應以刺激低端市場，促進消費。研究表明：在推出新品手機前，供應商可根據以往的歷史數據以及自身對未來市場的預測，運用成本定價法估算出新手機的最優成本。並在最優成本的基礎上，進一步構建了非對稱信息下多產品的批發價與訂貨量的斯坦伯格博弈模型研究多產品供應鏈的協調問題。模型研究表明：在沒有協調機制的時候，供應鏈在分散決策下，高、低端產品的定購量低於或者等於集中決策下相應產品的定購量。而當採用線性價格折扣共享契約後，可以使供應鏈的分散決策定購量與集中決策的定購量一樣。此時，供應鏈能夠達到協調，且利潤可以在零售商與供應商之間任意地進行劃分。該研究較好地解釋了手機市場上不同規模的廠商，為什麼會採取不同的廣告促銷策略這一經濟現象；並通過最優成本控制及模型協調，為多產品供應鏈爭取利潤最大化給出了很好的指導方向。

（3）通過建模探究供應鏈應急事件的發生機理，給出應急事件發生的區間以及應急持續時間的求解方法。考慮由一個供應商和一個零售商組成的供應鏈系統。假設他們有長期合作的願望並以年為單位簽訂銷售契約；供應商的送貨提前期非常短，且生產能力有限；其日產量在一定範圍內可根據零售商的銷售情況進行調整。運用流體同步的原理，建立了零售商和供應商保持運作同步的模型。模型研究表明：供應鏈具有一定的自我調節能力，在一定的範圍內能夠保持供應商和零售商的運作同步，但是當雙方的運作速度超過一定的範圍，就可能引發供應鏈應急事件。文中給出了供應鏈保持運作協調以及發生應急事件的運作區間。同時，進一步研究表明，在供應鏈發生應急事件後，如果供應商能對供應鏈的運作情況即時跟蹤，則可利用鎖相技術估算出應急事件的持續時間。該研究為加強應急事件的防範與預測，以及進一步開展後續的供應鏈應急研究奠定了很好的理論基礎。

（4）供應鏈應急預案管理是指：通過對信息的分析，預測供應鏈的發展趨勢，識別鏈中可能存在的威脅，並對這些情況制定出相應的預備處置方案。通過預案管理能夠及時出動、動態調整、消除隱患，從而把供應鏈應急損失降到最低。在預案管理中，需要運用應急事件造成的損失值來決定預案的啓動時機，但因供應鏈成員間的組織結構較為特殊，目前尚缺乏一個行之有效的評估供應鏈應急損失的方法。針對這個問題，我們提出了一種新的評估供應鏈應急損失的方法。通過把供應鏈看作一個整體，從它的利潤源頭——消費者入手，引入新消費者函數和時間分配機制，建立了計算消費者應急損失的模型。通過該模型可以間接地計算出整個供應鏈遭受的損失，並作為預案啓動的基準信號。模型研究表明：隨著應急事件強度的增加，消費者花費在應急物品上的時間以及損失都在增加。而且在供應鏈的應急損失超過某一閥值時，應該啓動相應一級的應急預案。該研究較好地把應急事件的強度、種類考慮在應急預案中，且該預案可隨應急事件損失變化而進行動態調整，對實現應急事件的動態管理提供了很好的思路。

（5）從資產專有性的角度對供應鏈的夥伴關係建設進行了相關研究，並討論了夥伴關係與契約執行力之間的關係。假設供應商和零售商都是風險中性的經濟人；供應鏈的夥伴關係是一個隨時間演進而不斷累積的過程；供應鏈企業之間的信任、合作與機會主義可以長期共存；且資產專有性投資是維持供應鏈夥伴關係的基石。利用資產專有性理論與縱向一體化的分析方法，構建了供應鏈夥伴關係和資產專有性投資的動態模型。模型研究表明：供應鏈的專有資產投資不僅受到國家宏觀政治經濟政策的影響，也受到供應商和零售商專有資產投資策略的影響，在貼現值與供應鏈夥伴關係影響系數不一樣時，只要夥伴關係得到改善，供應商和零售商往往都願意增加資產專有性方面的投資，以實現共贏。而共贏局面又將進一步促進夥伴關係的建設。而對夥伴關係與契約執行力的博弈研究表明：策略組合（供應商選擇與零售商建立良好的夥伴關係，零售商選擇按照約定執行契約）是該博弈的一個占優策略，同時也是該博弈的納什均衡。這個均衡表明良好的夥伴關係有助於提高契約的執行力，從而減少道德風險發生的可能。研究結論展示了資產專有性投資與夥伴關係建設間的相互促動關係，並進一步解釋了供應鏈夥伴關係如何來降低風險。

概括起來，本書的主要創新點如下：

（1）現有供應鏈契約大都沒有討論供應商與零售商的批發價議定問題，本書嘗試運用雙向拍賣機制來刻畫這個議價過程，並構建了基於雙向拍賣機制的供應鏈回購契約。重點分析了線性拍賣機制下，供應商與零售商的貝葉斯均衡出價策略，以及在該策略下如何用改進的回購契約來協調供應鏈。研究內容相對於以往的報童模型，增加了一次批發價的議定機會，使研究更具現實指導意義；由於議價空間的存在，在一定程度上抑制了漫天要價的現象，對進一步研究供應鏈的協調問題具有重要意義。

（2）現有供應鏈契約文獻很少考慮多產品協調問題。本書針對手機市場中出現的間接廣告現象，研究了多產品銷售條件下，供應鏈新產品成本估算以及協調問題。利用成本定價法，給出了供應商的最優成本定價，並在此基礎上利用線性價格折扣共享契約協調多產品供應鏈。研究結論在一定程度上解釋了不同品牌的廠商為什麼會採用不同的營銷策略這一經濟現象，並為多產品供應鏈爭取利潤最大化給出了很好的指導方向。

（3）現有的供應鏈應急研究，主要是針對應急事件的事後研究，很少有對供應鏈應急機理的研究。本書利用非線性動力學中研究流體同步的方法來探討供應鏈的應急機理，並構建了供應商和零售商保持運作協調的動態模型，給出了供應鏈保持協調或發生應急的區間。最後，利用鎖相的技術給出了應急事件的持續時間計算方法。該研究是對應急事件本質的探源，從而有助於加深其內在規律的認識。而這種認識能夠幫助我們從根本上去理解應急事件，進而更有效地預測及防範應急事件的發生，並能為後續的應急管理研究工作提供重要的理論支撐。

（4）在現有的文獻中，關於供應鏈在應急事件中遭受損失的定量研究還很匱乏。這主要是源於供應鏈的特殊結構及應急期間個體異常的消費行為。在應急狀況下，想簡單地照搬個體企業評估損失的方法來計算供應鏈的損失很難行得通。基於此，本書採用一種新的思路，通過引入新消費者函數和時間分配原理來刻畫消費者在應急事件中遭受的損失值，進而間接地刻畫出供應鏈所遭受的損失值。並在此基礎上，構建了具有動態管理特徵的供應鏈應急預案。預案中，通過將供應鏈當前損失值與預案中的閥值相比，來決定當前狀況下應啓動哪級預案；並可隨事態的變化，進行預案躍升，實現對應急事件的動態管理。該研究克服了目前應急預案大多缺乏動態性的缺點，這對於有效應對災情變化，減小供應鏈損失意義重大。同時，研究中把應急事件的強度、種類考慮在了應急預案中，這為加強供應鏈應急預案研究提供了新思路，具有較強的學術指導意義。

7.2 研究展望

首先，本研究提出的基於不確定性的供應鏈契約機制還比較簡單。這主要是源於我們所研究的供應鏈結構是基於簡單的報童模型。而在現實中，供應鏈的結構多種多樣，既有簡單的一對一結構（一個供應商對一個零售商），也有一對多結構（一個供應商對多個零售商），還有多對一結構（多個零售商對一個供應商），甚至可能是多對多結構（多個零售商對多個供應商）。同時，本書沒有將風險偏好問題納入研究範疇，而供應鏈成員的風險偏好可能是多種多樣的。如果把供應鏈結構和成員間的風險偏好結合起來，則會出現很多與現在研究不同的變形，這將有待於進一步展開研究。此外，隨著金融風暴的侵蝕，很多企業舉步維艱，他們的融資條件變得更惡劣，加之消費者也變得更有策略，他們會盡可能在商品減價時進行購買。因此，在供應鏈契約中，融入資金的限制條件以及消費者的策略行為，也是未來值得考慮的方向。但是隨著這些因素的融入，可能會導致供應鏈的契約模型比較複雜，一般很難獲得解析解，因此，仿真和數值解法將是這方面擴展的關鍵。

其次，在供應鏈應急部分的研究更是大有潛力可挖。由於異常不確定性是引發供應鏈應急事件的重要原因，而對異常不確定性的刻畫，還需要適當的工具，例如在未來加入更多統計學的知識可能是一個不錯的選擇。此外，供應鏈應急事件具有動態性，且消費者在應急期間的行為也會隨事態的發展動態變化，會與平時有很大的差別，而現在的研究基本是基於靜態的。因此要想在現有研究的基礎上有所創新，可能需要引入更多新的方法和思路。例如把更多行為經濟學、非線性動力系統中的一些概念和知識融入供應鏈的應急體系，就很值得一試。除了上面討論的內容，在供應鏈的應急處理中還涉及對風險的評估和應急決策等問題。認清風險在供應鏈中的傳導機制，以及定義較為完善的風險評估機制都是很好的方向。當然在供應鏈應急中的動態決策問題也還需進一步挖掘。

最後，本研究在如何從內部減小供應鏈風險方面的研究還很粗略。從直覺上來說，供應鏈夥伴關系與減小不確定性造成的風險是直接相關的。而這種相關性與具體的組織結構和夥伴關系的建立方式有著較強的聯繫。因此，如何把組織結構、供應鏈組建方式融入夥伴關系的描述，然後再加上對供應鏈風險的處理，可能使我們的研究更接近實際生活。這一部分的研究可能需要借助於更多的實證。

總的來講，在不確定性下，對供應鏈契約、應急管理以及夥伴關系的研究具有十分重要的理論和現實意義，特別是應急管理的研究及供應鏈風險研究將逐漸成為今後供應鏈管理研究的前沿和重點。

參考文獻

[1] L. M. Ellram. Supply chain management: the industrial organization perspective [J]. International Journal of Physical Distribution and Logistics Management, 1991, 21 (1): 13-22.

[2] M. E. Porter, S. Stern. Innovation: location matters [J]. MIT Sloan Management Review, 2001, 42 (4): 28-36.

[3] R. D'Aveni. Hyper competition: managing the dynamics of strategic maneuvering [M]. New York: The Free Press, 1994.

[4] D. B. Merrifield. Changing nature of competitive advantage [J]. Research Technology Management, 2000, 41 (1): 41-45.

[5] [美] 邁克爾. 波特. 競爭優勢 [M]. 陳小悅, 譯. 北京: 華夏出版社, 2005.

[6] G. C. Stevens. Integrating the supply chain [J]. International Journal of Physical Distribution & Materials Management, 1989, 19 (8): 3-8.

[7] H. L. Lee, C. Billington. Material management in decentralized supply chain [J]. Operations Research, 1993, 41 (5): 835-847.

[8] R. R. Lummus, R. J. Volkurka. Defining supply chain management: a historical perspective and practical guidelines [J]. Industrial Management & Data Systems, 1999, (1): 11-17.

[9] 馬士華, 林勇, 陳志祥. 供應鏈管理 [M]. 北京: 機械工業出版社, 2000, 41-203.

[10] 劉麗文. 供應鏈管理思想及其理論和方法的發展過程 [J]. 管理科學學報, 2003, 6 (2): 81-88.

[11] 遲曉英, 宣國良. 價值鏈研究發展綜述 [J]. 外國經濟與管理, 2000, 22 (1): 25-30.

[12] 範林根. 基於契約合作的供應鏈協調機制 [M]. 上海: 上海財經大學出

版社，2007，5-6.
[13] D. J. Thomas，P. M. Griffin. Coordinated supply chain management [J]. European Journal of Operational Research，1996，94：1-15.
[14] M. C. Cooper，D. M. Lambert，J. D. Pagh. Supply chain management：more than a new name for logistics [J]. The International Journal of Logistics Management，1997，8 (1)：1-13.
[15] R. M. Monczka，J. Morgan. What's wrong with supply chain management? [J] Purchasing，1997，122 (1)：69-73.
[16] Supply chain inventory management and value of shared information [D]. fuqua school of business，Duke University，1998.
[17] J. T. Mentzer，W. Dewit，J. M. Keebler，et al.. Defining supply chain management [J]. Journal of Business Logistics，2001，22 (2)：1-25.
[18] D. F. Pyke，M. E. Johnson. Supply chain management：integration and globalization in the age of e - business [R]. Tuck school of Business at Dartmouth，Working Paper，No. 02-09，2001.
[19] R. Stephen，C. poirier. Supply chain optimization [M]. Berrett-Koehler Publishers，1996.
[20] L. E. Simchi，L. D. Smith，P. Kaminsky. Designing and managing the supply chain：concepts，strategies and case studies [M]. McGraw-Hill Higher Education，USA，2000.
[21] Supply-Chain Council. SCOR Model [EB/OL]. http：//www. supply-chain. org/SCOR Overview，2005-05-23.
[22] K. Kopel，J. Hass. Stabilizing chaos in a dynamic macroeconomic model [J]. Journal of Economic Behavior and Organization，1997，(33)：311-332.
[23] H. N. Agiza，A. S. Hegazi，A. A. Elsadany. The dynamics of bowley's model with bounded rationality [J]. Chaos，Solitons and Fractals，2001，12：1705 - 1717.
[24] H. N. Agiza，A. S. Hegazi，A. A. Elsadany. Complex dynamics and synchronization of a duopoly game with bounded rationality [J]. Mathematics and Computers in Simulation，2002，58：133 - 146.
[25] 閆安，達慶利. 耐用品動態古諾模型的建立及分析 [J]. 系統工程學報，2006，21 (2)：159-161.
[26] 姚洪興，徐峰. 雙寡頭有限理性廣告競爭博弈模型的複雜性分析 [J]. 系

統工程理論與實踐，2005，12：32-37.
[27] X. Yao，X. W. Tang. Complex dynamics of duopoly game in demand increasing and capacity constraints environment [C]. Proceedings of The 4TH International conference on Innovation & Management，2007，976-982.
[28] 路應金，唐小我，張勇. 供應鏈中牛鞭效應的分形特徵研究 [J]. 系統工程學報，2006，21 (5)：463-469.
[29] 賈江鳴. 面向不確定性的供應鏈性能優化技術研究 [D]. 杭州：浙江大學，2008
[30] J. Forrester. Industrial dynamic，a major breakthrough for decision makers [J]. Harvard Business Review，1958，July-August：67-96.
[31] J. D. Sterman. Modeling managemerial behavior：misconceptions of feedback in a dynamic decision-making experiment [J]. Management Science，1989，35 (3)：321-339.
[32] H. L. Lee，V. Padmanabhan，S. Whang. The bullwhip effects in a supply chain [J]. Sloan Management Review，1997，38 (3)：93-102.
[33] H. L. Lee，V. Padmanabhan，S. Whang. Information distortion in a supply chain：the bullwhip effect [J]. Management Science，1997，43 (4)：546-558.
[34] M. Lariviere，E. Porteus. Selling to the newsvendor：an analysis of price-only contracts [J]. Manufacturing and Service Operations Management，2001，3 (4)：293-305.
[35] T. Bresnahan，P. Reiss. Dealer and manufacturer margins [J]. Rand Journal of Economics，1985，16 (2)：253-268.
[36] T. Boyaci，G. Gallego. Coordinating pricing and inventory replenishment policies for one wholesaler and one or more geographically dispersed retailers [J]. International Journal of Production Economics，2002，77 (2)：95-111.
[37] L. Dong，N. Rudi. Supply chain interaction under transshipments [R]. Washington University Working Paper，2001.
[38] 唐宏祥，何建敏，劉春林. 多零售商競爭環境下的供應鏈協作機制研究 [J]. 東南大學學報，2004，34 (4)：529-534
[39] 劉春林. 多零售商供應鏈系統的契約協調問題研究 [J]. 管理科學學報，2007，10 (2)：1-6.
[40] 趙正佳，謝巧華. 供應鏈批發價與價格補貼的聯合契約 [J]. 管理工程學報，2008，22 (4)：163-166.

[41] B. Pasternack. Optimal pricing and return policies for perishable commodities [J]. Marketing Science, 1985, 4: 166-176.
[42] V. Padmanabhan, I. P. L. Png. Returns policies: make money by making good [J]. Sloan Management Review, 1995, 37 (1): 65-72.
[43] M. Kodama. Probabilistic single period inventory model with partial returns and additional orders [J]. Computer and Industry Engineering, 1995, 29 (4): 455-459.
[44] H. Emmons, S. M. Gilbert. Note: the role of returns policies in pricing and inventory decisions for catalogue goods [J]. Management Science, 1998, 44 (2): 276-283.
[45] G. Tagaras, M. A. Cohen. Pooling in two-location inventory systems with non-negligible replenishment lead times [J]. Management Science, 1992, 38 (8): 1121-1139.
[46] R. Anupindi, Y. Bassok, E. Zemel. A general framework for the study of decentralized distribution systems [J]. Manufacturing and Service Operations Management, 2001, 3 (4): 349-368.
[47] Donohue, K. Efficient. Supply contracts for fashion goods with forecast updating and two production modes [J]. Management Science, 2000, 46 (11): 1397-1411.
[48] D. Ding, J. Chen. Research on return polices in a three level supply chain [C]. International Conference on Global Supply Chain Management of 2002, Beijing, 189-193.
[49] 賈濤，徐渝，陳金亮. 回購策略：存貨促銷與供應鏈協調 [J]. 預測，2006，21 (6): 591-597.
[50] 於輝，陳劍，於剛. 回購契約下供應鏈對突發事件的協調應對 [J]. 系統工程理論與實踐，2005，8: 38-43.
[51] 徐最，朱道立，朱文貴. 銷售努力水平影響需求情況下的供應鏈回購契約 [J]. 系統工程理論與實踐，2008，4: 1-11.
[52] X. M. Su, F. Q. Zhang. Strategic customer behavior, commitment, and supply chain performance [J]. Management Science, 2008, 54 (10): 1759-1773.
[53] B. A. Pasternack. Using revenue sharing to achieve channel coordination for a newsboy type inventory model [R]. CSU Fullerton, 1999.
[54] G. P. Cachon, M. Lariviere. Supply chain coordination with revenue-sharing:

strengths and limitations [J]. Management Science, 2005, 51 (1): 30-44.
[55] J. H. Mortimer. The effects of revenue-sharing contracts on welfare in vertically separated markets: evidence form the video rental industry [R]. University of California at Los Angeles Working Paper, 2000.
[56] Y. Gerchak, Y. Z. Wang. Revenue-sharing vs. whole-price contracts in assembly systems with random demand [J]. Produnction and Operation Management, 2004, 13 (1): 23-33.
[57] 黃寶鳳，仲偉俊，梅姝娥. 供應鏈中完美共贏收入共享合約的存在性分析 [J]. 系統工程理論方法應用，2005，14 (3): 247-251.
[58] 柳鍵，馬士華. 供應鏈合作及契約研究 [J]. 管理工程學報，2004，18 (1): 85-87.
[59] 陳菊紅，郭福利. Downside-risk 控制下的供應鏈收益共享契約設計研究 [J]. 控制與決策，2009，24 (1): 122-124.
[60] A. Tsay. Quantity-flexibility contract and supplier-customer incentives [J]. Management Science, 1999, 45 (10): 1339-1358.
[61] A. Tsay, W. Lovejoy. Quantity-flexibility contracts and supply chain performance [J]. Manufacturing and Service Operations Management, 1999, 1 (2): 89-111.
[62] J. H. Wu. Quantity flexibility contracts under Bayesian updating [J]. Computer and Operations Research. 2005, 32: 1267-1288.
[63] 何勇，吴清烈，楊德禮，肖萍. 基於努力成本共擔德數量柔性契約模型 [J]. 東南大學學報，2006，36 (6): 1045-1048.
[64] F. T. S. Chan, H. K. Chan. A simulation study with quantity flexibility in a supply chain subjected to uncertainties [J]. International Journal of Computer Integrated Manufacturing, 2006, 19 (2): 148-160.
[65] T. Taylor. Channel coordination under price protection, midlife returns and end-of-life returns in dynamic markets [J]. Management Science, 2001, 47 (9): 1220-1234.
[66] T. Taylor. Coordination under channel rebates with sales effort effect [J]. Management Science, 2002, 48 (8): 992-1007.
[67] H. Krishnan, R. Kapuscinski, D. Butz. Coordinating contracts for decentralized supply chains with retailer promotional effort [J]. Management Science, 2004, 50 (1): 48-53.

[68] J. P. Monahan. A quantity discount pricing model to increase vendor profits [J]. Management Science, 1984, 30 (6): 720-726.

[69] K. H. Kim, H. Hwang. Simultaneous improvement of supplier's profit and buyer's cost by utilizing quantity discount [J]. Journal of the Operational Research Society, 1989, 40 (3): 255-265.

[70] R. Kohli, H. Park. Coordinating buyer-seller transactions across multiple products [J]. Management Science, 1994, 40 (8): 1145-1150.

[71] Q. Wang, Z. Wu. Improving a supplier's quantity discount gain from many different buyers [J]. IIE Transactions, 2000, 32 (11): 1071-1079.

[72] F. Chen, A. Federgruen. Coordination mechanisms for a distribution system with one supplier and multiple retailers [J]. Management Science, 2001, 47 (5): 693-708.

[73] K. H. Hahn, H. Hwang, S. W. Shinn. A return policy for distribution channel coordination of perishable items [J]. European Journal of Operational Research, 2004, 152 (3): 770-780.

[74] S. Papachristos, K. Skouri. An inventory model with deteriorating items, quantity discounts, pricing and time-dependent partial backlogging [J]. International Journal of Production Economics, 2003, 83 (3): 247-256.

[75] C. J. Corbett, X. A. Groote. Supplier's optimal quantity discounts policy under asymmetric information [J]. Management Science, 2000, 46 (3): 444-450.

[76] A. Burnetas, S. M. Gilbert, C. Smith. Quantity discount in single period supply contracts with asymmetric demand information. [EB/OL]. Http: //www. mccombs. utexas. edu/faculty/man/gilberts/ Papers Qdisc. pdf, 2004.

[77] B. Liu, S. F. Liu, J. Chen. Supply chain coordination with quantity discounts under the uncertain demand [C]. Proceeding of 2005 IEEE on Networking, Sensing and Control. Tucson, Arizona, March, 2005: 976-981.

[78] 高峻峻，趙先德. 彈性需求下供應鏈契約中的 Pareto 優化問題 [J]. 系統工程理論方法應用，2002，11 (1)：36-40.

[79] 趙晗萍，馮允成，姚李剛，蔣家東. 目標數量折扣下的供應鏈協調分析 [J]. 系統工程，2005，23 (8)：51-55.

[80] 張欽紅，駱建文. 不對稱信息下易腐物品供應鏈最優數量折扣合同研究 [J]. 系統工程理論與實踐，2007，12：23-28.

[81] S. D. Barnes, Y. Bassok, R. Anupindi. Supply contracts with options: flexi-

bility, information, and coordination. Stern School of Business [R], New York University, New York, Working Paper, 2002.

[82] S. T. Christopher, K. Rajaram, A. Alptekinoglu. The benefits of advanced booking discount programs: model and analysis [J]. Management Science, 2004, 50 (4): 465-478.

[83] K. Mccardle, K. Rajarm, S. T. Christopher. Advanced booking discount Programs under retail competition [J]. Management Science, 2004, 50 (3): 701-718.

[84] 郭瓊，楊德禮，遲國泰. 基於期權的供應鏈契約式協調模型 [J]. 系統工程，2005，23 (10): 1-6.

[85] 郭瓊，楊德禮. 基於期權與現貨市場的供應鏈契約式協調的研究 [J]. 控制與決策，2006，21 (11): 1229-1233.

[86] 胡本勇，王性玉，彭其淵. 基於雙向期權的供應鏈柔性契約模型 [J]. 管理工程學報，2008，22 (4): 79-84.

[87] F. Chen. Echelon reorder points, installation re-order points, and the value of centralized demand information [J]. Management Science, 1998, 44 (12): 221-234.

[88] H. L. Lee, K. So, C. S. Tang. The value of information sharing in a two-level supply chain [J]. Management Science, 2000, 46 (5): 626-643.

[89] Y. Aviv, A. Federgruen. The operational benefits of information sharing and vendor managed inventory (VMI) programs [R]. Washington University, Working Paper, 1998.

[90] C. J. Corbett, C. S. Tang. Designing supply contracts: contract type and information asymmetry [J]. Management Science, 2004, 50 (4): 550-559.

[91] 王子萍，黃培清，葛靜燕. 供應鏈管理中信息共享機制的探討 [J]. 上海交通大學學報，2006，40 (9): 1561-1565.

[92] 唐宏祥，何建敏，劉春林. 非對稱需求信息條件下的供應鏈信息共享機制 [J]. 系統工程學報，2004，19 (6): 589-595.

[93] 陳忠，艾興政. 雙渠道信息共享與收益分享合同選擇 [J]. 系統工程理論與實踐，2008，12: 42-50.

[94] 曉斌，劉魯，張阿玲. 非對稱需求信息下兩階段供應鏈協調 [J]. 控制與決策，2004，19 (5): 515-524.

[95] V. Agrawal, S. Seshadri. Risk intermediation in supply chains [J]. Lie Trans-

actions, 2000, 32: 819-831.
[96] E. Plambeck, S. Zenios. Performance-based incentives in a dynamic principle-agent model [J]. Manufacturing and Service Operations Management, 2000, 2: 240-263.
[97] 索寒生，儲洪勝，金以慧. 帶有風險規避型銷售商的供應鏈協調 [J]. 控制與決策，2004, 19 (9): 1042-1044.
[98] 陳劍，蔡連橋. 供應鏈建模與優化 [J]. 系統工程理論與實踐，2001, (6): 26-33.
[99] F. Chen, A. Federgruen. Mean-variance analysis of basic inventory models [D]. New York: Columbia University, 2000.
[100] X. H. Gan, S. Suresh. Supply chain coordination with a risk-averse retailer [D]. The University of Texas at Dallas, 2003.
[101] G. P. Cachon, M. A. Larivere. Capacity choice and allocation: strategic behavior and supply chain performance [J]. Management Science, 1999, 45 (8): 1091-1108.
[102] S. Lippman, K. McCardle. The competitive newsboy [J]. Operations Research, 1997, 45: 54-56.
[103] 黃祖慶，達慶利. 基於一類兩級供應鏈的激勵機制策略研究 [J]. 管理工程學報，2005, 19 (3): 28-30.
[104] 王勇，陳俊芳. 供應鏈契約機制選擇研究 [J]. 運籌與管理，2005, 14 (2): 26-30.
[105] 田巍，張子剛，劉寧杰. 零售商競爭環境下上游企業創新投入的供應鏈協調 [J]. 系統工程理論與實踐，2008, (1): 64-70.
[106] D. Bemheim, M. Whinston. Common agency [J]. Econometrica, 1986, 54: 923-942.
[107] D. Martimort. Exclusive dealing, common agency, and multiprincipals incentive theory [J]. Rand Journal of Economics, 1996, 27: 1-31.
[108] D. Bergemann, J. Valimaki. Dynamic common agency [J]. Journal of Economics, 2003, 111: 23-48.
[109] 駱品亮，陸毅. 共同代理與獨家代理的激勵效率比較研究 [J]. 管理科學學報，2006, 9 (1): 47-53.
[110] A. Tsay, A. Agrawal. Channel conflict and coordination: an investigation of supply chain design [R]. Santa Clara University, Working Paper, 2001.

[111] 陳劍，張小洪，常煒. 雙渠道多製造商供應鏈的 Cournot 均衡策略 [J]. 中國管理科學，2003，11：284-289.

[112] H. Tempelmeier. A simple heuristic for dynamic order sizing and supplier selection with time-varying data [J]. Production and Operations Management，2002，11 (4)：499-515.

[113] 李建立，劉麗文. 隨機需求下基於價格折扣的兩種供應鏈協調策略 [J]. 中國管理科學，2005，13 (3)：37-42.

[114] 劉開軍，張子剛，周永紅. 供應鏈中序貫信念修正的 Bayes 博弈模型 [J]. 中國管理科學，2006，14 (4)：50-55.

[115] D. Hochstdter. The stationary solution of multi-product inventory models [J]. Inventory Control and Water Storage，1973，(7)：121-150.

[116] Sawik，Tadeusz. Stochastic optional control of a multi-product production scheduling with random times of supplies [J]. Control Cybernet，1977，6 (3)：21-35.

[117] S. J. Erlebacher. Optimal and heuristic solutions for the multi-item newsvendor problem with a single constraint [J]. Production and Operations Management，2000，9：303-318.

[118] 魯其輝，朱道立. 多產品競爭環境中最優供貨決策 [J]. 管理科學學報，2005，8 (6)：43-51.

[119] 蔣敏，孟志青，周根貴. 供應鏈中多產品組合採購與庫存問題的條件風險決策模型 [J]. 系統工程理論與實踐，2007，12：29-35.

[120] 計雷，池宏，陳安. 突發事件應急管理 [M]. 北京：高等教育出版社，2006，23-25.

[121] 張存祿，黃培清，供應鏈風險管理 [M]. 北京：清華大學出版社，2007.

[122] A. Latour. A trial by fire：A blaze in albuquerque sets-off major crisis for cell phone giants-Nokia handles supply shock with aplomb as Ericsson gets burned [J]. The Wall Street Journal，2001，January 29.

[123] J. Causen，J. Hansen，J. Larsen，A. Larsen. Disruption management [J]. OR/MS Today，2001，28 (5)：40-43.

[124] B. Thengvall，J. F. Bard，G. Yu. Balancing user preferences for aircraft recovery during airline irregular operations. IIE Transactions on Operations Engineering，2000，32：181-193.

[125] J. Yang, X. Qi, G. Yu. Disruption management in production planning. Department of Management Science and Information Systems, McCombs School of Business [R]. The University of Texas, Austin, TX. 78712, Working Paper, 2005.
[126] Y. Xia, M. H. Yang, B. Golany, S. M. Gilbert, G. Yu. Real-time disruption management in a two-stage production and inventory system [J]. Lie Transactions, 2004, 36 (1): 111-125.
[127] X. T. Qi, J. F. Bard, G. Yu. Supply chain coordination with demand disruptions [J]. Omega, 2004, 32 (4): 301-312.
[128] M. H. Xu, X. T. Qi, G. Yu, H. Q. Zhang, C. X. Gao. The demand disruption management problem for a supply chain system with nonlinear demand functions [J]. Journal of System Science and System Engineering, 2003, 12 (1): 82-97.
[129] M. Xu, X. Gao. Supply chain coordination with demand disruptions under convex production cost function [J]. Wuhan University Journal of Natural Science, 2005, 10 (3): 493-498.
[130] N. E. Abboud. A discrete time Markov production inventory model with machine breakdowns [J]. Computers & Industrial Engineering, 2001, 39: 95-107.
[131] X. T. Qi, J. F. Bard, G. Yu. Disruption management for machine scheduling: the case of SPT schedules [J]. International Journal of Production Economics, 2006, 103: 166-184.
[132] H. Yu, C. H. Sun, J. Chen. Simulating the supply disruption for the coordinated supply chain [J]. Journal of Systems Science and Systems Engineering, 2007, 16 (3): 323-335.
[133] K. B. Hendricks, V. R. Singhal, R. R. Zhang. The effect of operational slack, diversification, and vertical relatedness on the stock market reaction to supply chain disruptions [J]. Journal of Operations Management, 2009, 27: 233-246.
[134] 於輝, 陳劍, 於剛. 協調供應鏈如何應對突發事件 [J]. 系統工程理論與實踐, 2005, 7 (7): 10-16.
[135] 於輝, 陳劍, 於剛. 批發價契約下的供應鏈應對突發事件 [J]. 系統工程理論與實踐, 2006, 8 (8): 33-41.
[136] T. J. Xiao, G. Yu, Z. H. Sheng, Y. S. Xia. Coordinating of a supply chains with one-manufacturer and two-retailers under demand promotion and disruption management decisions [J]. Annals of Operations Research, 2005, 135: 87-109.
[137] T. J. Xiao, X. T. Qi. Price competition, cost and demand disruptions and co-

ordination of a supply chain with one manufacturer and two competing retailers [J]. Omega, 2008, 36: 741-753.

[138] T. J. Xiao, G. Yu. Supply chain disruption management and evolutionarily stable strategies of retailers in the quantity-setting duopoly situation with homogeneous goods [J]. European Journal of Operational Research, 2006, 173: 648-668.

[139] 胡勁松，王虹. 三級供應鏈應對突發事件的價格折扣契約研究 [J]. 中國管理科學, 2007, 15 (3): 103-107.

[140] 雷東，高成修，李建斌. 需求和生產成本同時發生擾動時的供應鏈協調 [J]. 系統工程理論與實踐, 2006, 9 (9): 51-59.

[141] 許明輝. 供應鏈中的應急管理 [D]. 武漢：武漢大學, 2005.

[142] 馮花平. 基於多因素擾動的供應鏈應急協調研究 [D]. 北京：北京郵電大學, 2008

[143] M. J. Maloni, W. Benton. Supply chain partnerships: opportunities for operations research [J]. European Journal of Operational Research, 1997, 101: 419-429.

[144] P. Wilson. How and small firms can grow together [J]. Long Rang Planning, 1983, 16 (2): 19-27.

[145] H. Jeffrey, Dyer. Specialized supplier networks as a source of competitive advantage: evidence from the auto industry [J]. Strategic Management Journal, 1996, 17 (4): 271-291.

[146] M. J. Maloni, W. Benton. Power influences in the supply chain [J]. Journal of Business Logistics, 2000, 21 (1): 49-74.

[147] Marcia, Peter. Quick respinse supply chain alliance in the Australia textiles clothing and footwear industry [J]. Production Economics, 1999, 62: 119-132.

[148] J. Pansiri. The effects of characteristics of partners on strategic alliance performance in the SME dominated travel sector [J]. Tourism Management, 2008, 29: 101-115.

[149] S. R. Holmberg, J. L. Cummings. Building successful strategic alliances strategic process and analytical tool for selecting partner industries and firms [J]. Long Range Planning, 2009, 42: 164-193.

[150] A. A. Gaballa. Minimum cose allocation of tenders [J]. Operational Research Quarterly, 1974, 25 (3): 389-398.

[151] S. S. Chaudhry, F. G. Forst, J. L. Zydiak. Vendor selection with price

breaks [J]. European Journal of Productional Research, 1983, 70 (1): 52-66.
[152] C. A. Weber, J. Current. A multi-objective approach to vendor selection [J]. European Journal of Operational Research, 1993, 68: 173-184.
[153] S. H. Ghodsypour, C. O'Brien. The total cost of logistics in supplier selection under conditions of multiple sourcing, muliple criteria and capacity constraint [J]. International Journal of Production Economics, 2001, 73: 15-27.
[154] V. Albino, A. C. Garavelli. A nural network application to subcontractor rating in construction forms [J]. International Journal of Project Management, 1998, 16 (1): 9-14.
[155] C. A. Weber, A. Desai. Determination of paths to vendor market efficiency using parallel coordinates representation: a negotiation tool for buyers [J]. European Journal of Operational Research, 1996, 90: 142-155.
[156] H. H. Sung, R. Krishnan. A hybrid approach to supplier selection for the maintenmance of a competitive supply chain [J]. Expert Systems with Applications, 2008, 34: 1303-1311.
[157] B. Fynes, S. Burca, J. Mangan. The effect of relationship characteristics on relationship quality and performance [J]. Production Economics, 2008, 111: 56-69.
[158] D. V. Glauco, A. Tekaya, L. W. Catherine. Asset specificity's impact on outsourcing relationship performance: a disaggregated analysis by buyer-supplier asset specificity dimensions [J]. Journal of Business Research, 2009, doi: 10. 1016/J. jbusres. 2009. 04. 019.
[159] P. C. Danny, B. Priscila, C. Oliveira. Collabroative buyer-supplier relationships and downstream information in marketing channels [J]. Industrial Marketing Management, 2009, doi: 10. 1016/j. indmarman. 2009. 03. 009.
[160] 葉飛，張東川，張紅. 面向虛擬企業合作夥伴選擇的新過程框架結構研究 [J]. 系統工程理論與實踐，2003 (11): 88-94.
[161] 陶青，仲偉俊. 合作夥伴關系中合作程度對其收益的影響研究 [J]. 管理工程學報，2002，16 (1): 66-69.
[162] 聶茂林. 供應鏈合作夥伴選擇的層次變權多因素決策 [J]. 系統工程理論與實踐，2006 (3): 25-32.
[163] 李輝，李向陽，孫潔. 供應鏈夥伴關系管理問題研究現狀評述及分析 [J]. 管理工程學報，2008，22 (2): 148-151.

[164] 於輝，陳劍. 突發事件下何時啓動應急預案 [J]. 系統工程理論與實踐，2007，8 (8)：27-32

[165] X. Gan，S. P. Sethi，H. Yan. Coordination of supply chains with risk-averse agents [J]. Production & Operations Management，2004，13 (2)：135-149.

[166] 趙泉午，卜祥智，楊秀苔. 基於返利策略的易逝品供應鏈合同研究 [J]. 管理工程學報，2006，25 (1)：76-80.

[167] 郭瓊，楊德禮. 需求信息不對稱下基於期權的供應鏈協作機制的研究 [J]. 計算機集成製造系統，2006，12 (9)：1466-1471.

[168] 周永務，楊善林. 基於不對稱需求信息的供應鏈協調定價 [J]. 系統工程學報，2006，21 (6)：591-597.

[169] G. P. Cachon. Supply chain coordination with contracts [R]. University of Pennsylvania，Working Paper，2003.

[170] 張維迎. 博弈論與信息經濟學 [M]. 上海：上海三聯出版社，1996.

[171] 郝旭光. 試論產品生命週期各階段的營銷策略——兼論如何延長產品的生命週期 [J]. 管理世界，1999，1：176-180.

[172] 周永務，楊善林. Newsboy 型商品最優廣告費用與訂貨策略的聯合確定 [J]. 系統工程理論與實踐，2002，11：59-63.

[173] 曹細玉，寧宣熙，覃豔華. 易逝品供應鏈中的聯合廣告投入、訂貨策略與協調問題研究 [J]. 系統工程理論與實踐，2006，3：102-107.

[174] 楊德禮，郭瓊，何勇，徐經意. 供應聯契約研究進展 [J]. 管理學報，2006，3 (1)：117-125.

[175] Z. Kirstin. Supply chain coordination with uncertain just-in-ime delivery [J]. International Journal of Production Economics，2002，77 (1)：1-15.

[176] 盧震，黃小原. 不確定交貨條件下供應鏈協調的 Stackelberg 對策研究 [J]. 管理科學學報，2004，7 (6)：87-93

[177] S. M. Gilbert，V. Cvsa. Strategic commitment to price to stimulate downstream innovation in a supply chain [J]. European Journal of Operational Research，2003，150 (3)：617-639.

[178] B. Fernando，A. Federgrun. Decentralized supply chains with competing retailers under demand uncertainty [J]. Management Science，2005，51 (1)：18-29.

[179] G. B. Ermentrout，J. Rinzel. Beyond a pacemaker's entrainment limit：phase walk-through [J]. Am. J. Physiol，1984，246：102-106.

[180] G. B. Ermentrout. An adaptive model for synchrony in the firefly pteroptyx malaccae [J]. Mathematical Biology, 1991, 29: 571-585.
[181] H. S. Steven. Nonlinear dynamics and chaos with applications to physics, biology, chemistry and engineering [J]. Perseus Books Group Press, 1994, 103-107.
[182] 吴宗之，劉茂. 重大事故應急救援系統及預案導論 [M]. 北京：冶金工業出版社，2003.
[183] 楊靜，陳建明，趙紅. 應急管理中的突發事件分類分級研究 [J]. 管理評論，2005，17 (4)：37-41.
[184] 姚杰，池宏，計雷. 帶有潛變量的結構方程模型在突發事件應急管理中的應用 [J]. 中國管理科學，2005，13 (2)：44-50.
[185] L. Jenkins. Determining the most informative secenarios of environment impact from potential major accidents [J]. Journal of Environmtental Management, 1999, 55: 15-25.
[186] L. Jenkins. Selecting scenarios for environmental disaster planning [J]. European Journal of Operational Research, 2000, 121 (2): 275-286.
[187] 姚杰，計雷，池宏. 突發事件應急管理中的動態博弈分析 [J]. 管理評論，2005，17 (3)：46-50.
[188] C. H. Sun, H. Yu. Supply chain contract under product cost disruption [C]. 2005 International Conference on Services Systems and Services Management, Proceedings of ICSSSM'05, 2005, v 1, 708-711.
[189] [美] 加里·S. 貝克爾. 人類行為的經濟分析 [M]. 王業宇，陳琪，譯. 上海：上海人民出版社，1995，109-131.
[190] 陳志祥. 激勵策略對供需合作績效影響的理論與實證研究 [J]. 計算機集成製造系統，2004，10 (6)：677-683.
[191] [美] 奥利弗·D. 哈特. 企業合同與財務結構 [M]. 費方域，譯. 上海：上海人民出版社，1998.
[192] 王慧. 供應鏈合作夥伴關系風險探析中國市場 [J]. 中國市場，2008，10：134-136.
[193] [美] 奥利弗·E. 威廉姆斯. 資本主義經濟制度 [M]. 段毅才，王偉，譯. 北京：商務印書館，2002.
[194] [法] 讓·雅克·拉豐，大衛·馬赫蒂摩. 激勵理論委託—代理模型 [M]. 陳志俊，等，譯. 北京：中國人民大學出版社，2002.

[195] E. Dockner, N. Jorgensen, L. Van. Differential games in economics and management science [M]. Cambridge: Cambridge University Press, 2000, 97-103.
[196] 姚珣，唐小我，潘景銘. 關於供應鏈應急事件的發生機理研究 [J]. 管理工程學報，2010，2：36-39.
[197] 姚珣，唐小我，潘景銘. 基於雙向拍賣機制的供應鏈回購契約研究 [J]. 管理學報，2009，11（6）：1444-1448.
[198] 姚珣，唐小我，潘景銘. 基於消費者行為理論的供應鏈應急預案研究 [J]. 管理工程學報，2011，2（25）：8-13.
[199] 姚珣，張明善，唐小我. 基於最優成本估算的多產品供應鏈協調機制研究 [J]. 軟科學，2011，4（25）：50-55.
[200] 姚珣，唐小我，潘景銘. 基於資產專有性的供應鏈夥伴關系與聯盟利潤模型研究 [J]. 軟科學，2009，4（23）：118-122.

國家圖書館出版品預行編目(CIP)資料

外部環境的風險程度對供應鏈運作的影響研究 ： 基於契約和應急的視角
/ 姚珣 著. -- 第一版.
-- 臺北市 ： 崧博出版 ： 財經錢線文化發行, 2018.10
面 ； 公分

ISBN 978-957-735-604-8(平裝)

1.供應鏈管理

494.5 107017323

書　名：外部環境的風險程度對供應鏈運作的影響研究：基於契約和應急的視角

作　者：姚珣 著

發行人：黃振庭

出版者：崧博出版事業有限公司

發行者：財經錢線文化事業有限公司

E-mail：sonbookservice@gmail.com

粉絲頁　　網　址:

地　址：台北市中正區延平南路六十一號五樓一室

8F.-815, No.61, Sec. 1, Chongqing S. Rd., Zhongzheng

Dist., Taipei City 100, Taiwan (R.O.C.)

電　話：(02)2370-3310 傳　真：(02) 2370-3210

總經銷：紅螞蟻圖書有限公司

地　址:台北市內湖區舊宗路二段121巷19號

電　話:02-2795-3656　傳真:02-2795-4100　網址:

印　刷 ：京峯彩色印刷有限公司（京峰數位）

定價：250元

發行日期: 2018年 10 月第一版

◎ 本書以POD印製發行